굿모닝 레시피

**Good Morning
Recipe**

굿모닝 레시피

**Good Morning
Recipe**

최민경 지음

지콜론북

Good Morning Recipe

목차

Good Morning Recipe

찬 바람 불면 생각나는 다정한 음식

가을 겨울

Good Morning Recipe

살랑살랑 봄바람이 생각나는 산뜻한 음식

봄

Good Morning Recipe

뜨거운 태양을 담은 레시피
여름

『굿모닝 레시피』는 누군가가 만들어주는 음식에만 익숙해져 있던 나에게 새로운 도전이었다. 요리에 관심을 가지게 된 계기는 단순하다. 취향에 맞는 카페와 식당을 찾아다니는 것이 내 취미였는데 코로나19로 인해 한동안 취미 생활을 할 수 없게 되자 자연스레 '그럼 집에서 만들어볼까?' 하는 생각으로 이어졌다. 아침마다 음식을 만들어 사진으로 남기고 그것들을 모아 블로그에 글을 써내려 갔다. 소소한 기록 차원의 글이라 레시피를 간단하게 적었는데, 감사하게도 점점 관심을 가져주시는 분들이 늘어났다. 정확한 계량을 자세하게 기록할 명분이 생긴 것이다. 이렇게 다양한 재료와 쉬운 조리 방법으로 새로운 아침을 시도해 보고 싶은 분들에게 보내는 나의 작은 선물이 완성되었다.

아침마다 요리하며 중요하게 생각한 포인트는 새롭고 산뜻한 느낌이었다. 신선한 재료는 기본이고, 낯설고 익숙한 재료의 사이를 오가며 '신선한 조합'을 해보는 것을 레시피의 우선순위에 두었다. 이 점은 플레이팅에도 큰 영향을 주었다. 어떻게 해야 재료의 질감과 특징을 살려 만들 수 있을지에 대해서 가장 많은 고민을 했던 것 같다. 그러니 요리에서 그치지 않고, 플레이팅을 하고 사진으로 담는 과정에서 마음이 맑아지는 경험을 해보았으면 한다.

독자님들이 어떻게 바라볼지 걱정 반 기대 반으로 글을 쓰고 있다. 사실 어떤 반응일지 기다려진다. 사람들의 입맛은 다양하기에 나의 레시피가 정답이라고 할 수 없다. 좋아하는 재료가 있다면 듬뿍 첨가해 보기도 하고, 다른 조합이 더 좋을 것 같다 싶으면 과감하게 변형도 하면서 자신만의 레시피를 찾아가는 과정도 재미있을 것이다. 그렇게 작가와 독자가 서로 주고받으며 새롭고 신선한, 수많은 굿모닝 레시피가 탄생하기를 바란다.

책을 쓰는 데 기반이 된 콘텐츠는 인스타그램에서 연재 중인 〈아침 요리 도감〉이다. 포켓몬이 등장하는 게임에서도 무지 상태의 트레이너가 대결과 수련을 통해 레벨이 올라가면서 더 강한 포켓몬들과 트레이너를 만나고 성장하게 된다. 처음에는 서툴더라도 『굿 모닝 레시피』와 함께 도감을 채워나가다 보면 어느새 훌쩍 자란 요리 실력을 발견하며 성장의 기쁨을 느낄 것이다.

최민경

차지키소스

준비

오이와 딜을 잘게 썬다.

재료

플레인요거트 100g, 오이 1/2개
딜, 소금, 후추, 설탕, 레몬즙 약간

시작

❶   플레인요거트에 손질해 놓은
      오이와 딜을 넣고 섞는다.

❷   소금, 후추, 설탕, 레몬즙으로
      간을 맞춘다.

♥   요거트가 무가당인 경우, 설탕을
      첨가하고 가당인 경우에는 설탕을
      생략한다.

타히니소스

재료

볶은 참깨 50g, 올리브오일 5큰술
물 10큰술, 소금, 설탕 약간

시작

❶ 믹서에 볶은 참깨와 올리브
   오일, 물을 넣고 부드럽게
   간다.

❷ 선호에 따라 올리브오일을
   가감해 점도를 조절한다.

❸ 추가로 소금, 설탕을 넣어
   간을 맞춘다.

♥ 원래 타히니소스는 참깨와 식물성
   오일로만 섞어 만든 것이지만 물과
   조미료를 넣어 살짝 변형한 것이다.

사워크라우트

재료

양배추 1/2개, 소금(양배추의 1/6
양이 되도록)

시작

❶ 양배추를 반으로 자른다.

❷ ❶을 잘게 썰어준다.

❸ 볼에 양배추와 소금을 넣어
15~20분 동안 꾹꾹 누르듯이
버무려준다.

❹ 소독한 병에 담아 실온에 5일
정도 보관한다.

바질페스토

재료

바질 250g, 견과류 30g, 마늘 5쪽
파르메산치즈 60g, 올리브오일
150mL, 레몬즙 1큰술, 소금 약간

시작

❶ 믹서에 바질과 견과류, 마늘,
파르메산치즈, 올리브오일을
넣고 갈아준다.

❷ 마지막으로 소금과
레몬즙으로 간을 맞추고
갈아준다.

▼ 날이 따뜻할수록 금방 상하니 일주일
안에 먹기를 권장한다.

딸기콩포트

재료

딸기, 백설탕, 레몬즙, 소금

시작

1. 딸기는 꼭지를 떼어 준비한다.
2. 냄비에 딸기와 설탕을 1:1 비율로 넣고 1시간 동안 재운다.
3. ②를 중불에 15~20분 정도 끓여 점도를 조절한다.
4. 끓을 때 올라오는 거품은 제거한다.
5. 레몬즙과 소금을 1작은술 정도 넣는다.
6. 실온에서 콩포트를 식힌 후 냉장고에 보관한다.

♥ 콩포트가 눌러붙지 않도록 중간중간 저어주면서 끓인다.

토마토마리네이드

재료

방울토마토 200g, 올리브오일 2큰술
레몬즙 2큰술, 꿀 1큰술
오리엔탈드레싱 2큰술

시작

❶   방울토마토의 꼭지 반대편에
      열십(+)자로 칼집을 낸다.

❷   끓는 물에 넣고 40초~1분
      정도 데친다.

❸   찬물에 담가 방울토마토
      껍질을 제거한다.

❹   그릇에 올리브오일, 레몬즙,
      꿀, 오리엔탈드레싱을 섞는다.

❺   소독한 유리병에 ❸과
      ❹를 넣고 하루 동안 냉장
      보관한다.

♥   오리엔탈드레싱 대신 발사믹식초를
      넣어도 무방하다.

Good Morning Recipe

찬 바람 불면 생각나는 다정한 음식

가을 겨울

돈지루

재료

기름진 얇은 돼지고기 150g
당근 1/2개, 무 1/4개
연근 100g, 표고버섯 4개
두부 1/2모
미소 된장 3큰술, 쯔유 3큰술
참기름 1/2큰술, 커팅 유부 20g
대파 약간

♥ 쯔유는 간장보다 연해서 3큰술을
넣었지만, 일반 간장으로 대체할
시 1큰술만 넣어도 충분하다.

❶ 당근, 무, 연근은 한 입 크기로 썰고, 표고버섯 1개는 편으로 썬다.
❷ 냄비에 참기름을 두르고 고기가 익을 때까지 중불이나 강불에서 볶는다.
❸ 고기가 익으면 손질한 채소를 넣고 볶다가 재료가 다 잠길 만큼 물을 붓는다.
❹ 국물이 끓어오르면 거품을 제거해 주고, 약불에서 10~15분간 끓인다.
❺ 미소 된장과 쯔유를 국자에서 풀어주고 기호에 따라 미소와 쯔유를
추가한다.
❻ 두부는 먹기 좋은 크기로 잘라서 넣고 5분 정도 더 끓인다.
❼ 표고버섯 3개는 윗동을 열십(+)자로 칼집을 내어 모양을 낸다.
❽ 대파를 송송 썰어 넣고 유부와 ❼의 버섯을 넣고 마무리한다.

모닝 레시피를 하기로 마음먹은 후, 첫 번째 음식을 무엇으로 만들
지 꽤 고심했다. 오랜 고민 끝에 마음과 몸을 따뜻하게 데워주는 음
식으로 아침 식사 루틴 만들기를 시작하려고 한다. 오늘은 가족들과
다 같이 먹기에도 좋은, 일본 드라마 〈심야식당〉의 고정 메뉴인 돈
지루를 선택했다. 돈지루는 일본식 가정식에서 흔히 먹는 된장국으
로, 주재료인 돼지고기에 갖은 뿌리채소를 넣고 푹 끓이는 국이다.
재료를 푸짐하게 넣고 나니 꽤 많은 양이 나왔다. 한 번 먹고 남은
돈지루에 가래떡을 넣어 떡국처럼 먹어도 굉장히 잘 어울린다.

Morning Routine Challenge

01

당신의 아침 습관은 무엇인가요?
건강한 아침을 위하여 만들고 싶은 습관을 이야기해 주세요.

당근 수프

준비

① 토핑으로 쓸 베이비 당근을
  세로로 길쭉하게 자른다.
② 자른 당근을 에어프라이어나
  오븐에 넣고 170도로 5분간
  굽는다.

재료

베이비 당근 8개
당근 1개
감자 1/2개
양파 1/2개
물 2컵, 우유 100mL, 버터 1큰술
파르메산치즈, 소금, 후추 약간

① 당근, 감자, 양파를 토막으로 썰어준다.
② 버터를 녹인 팬에 양파를 넣고 중불에서 투명해질 정도로 익혀준다.
③ ②의 팬에 당근, 감자를 넣고 볶아주다 물을 넣어준다.
④ 채소가 익을 때까지 중불에서 끓여주다 믹서로 곱게 갈아준다.
⑤ 우유로 농도와 색을 조절해 주고 기호에 맞게 소금, 후추, 파르메산치즈를
  뿌려 간을 맞춘다.
⑥ 구운 베이비 당근을 토핑하여 마무리한다.

당근은 특유의 향과 식감 때문에 좋고, 싫음의 기준이 확연히 나뉘는 재료 중 하나다. 나는 당근을 무척 좋아한다. 볶은 당근의 은근한 단맛을 좋아하기에 김밥에 볶은 당근이 빠지면 아쉬울 정도다. 당근 수프도 볶은 당근의 단맛이 강하게 느껴진다. 당근 수프에서 파르메산 치즈는 선택이 아닌 필수. 당근 본연의 단맛에 짭조름한 치즈가 더해지니 최고의 맛으로 탄생한다. 해외에서는 작고, 길이가 긴 베이비 당근을 익숙하게 사용하는데, 한 입 크기인 덕분에 주로 가니시로 사용한다. 베이비 당근이 없다면 일반 당근을 길게 잘라 구워도 좋다.

02

저는 당근의 단맛을 좋아해요.
당신이 가장 좋아하는 식재료는 무엇인가요?

버섯 수프

준비

❶ 마늘 4쪽은 잘게 다져준다.
❷ 양파를 잘게 채 썰어준다.
❸ 표고버섯은 밑동을 떼어내고 윗동만 편으로 잘라준다.
❹ 호밀빵은 구워 한 입 크기로 잘라둔다.

재료

표고버섯 4개
마늘 4쪽
양파 1/2개
호밀빵 2조각
물 1컵, 우유 100mL
버터 1큰술, 파르메산치즈
올리브오일, 소금, 후추 약간

♥ 우유의 양은 농도에 따라 조절하면 된다.

❶ 버터를 녹인 냄비에 마늘과 양파를 넣고 약불에 양파가 투명해질 때까지 볶아준다.
❷ ❶의 냄비에 손질해 놓은 표고버섯을 넣고 같이 볶아준다.
❸ 물을 넣고 잠시 끓이다가 우유와 파르메산치즈를 넣고 함께 끓여준다.
❹ 소금과 후추로 간을 하고 믹서에 갈아준다.
❺ 농도가 묽다면 냄비로 옮겨 조금 더 끓이고 그렇지 않다면 바로 먹어도 된다.
❻ 그릇에 옮겨 담아 올리브오일을 살짝 두르고 후추를 마구 뿌린다.
❼ 구운 호밀빵을 얹어 마무리한다.

버섯은 종류도 모양도 다양해 더 많이 도전하고 싶은 식재료이다. 어느 버섯이든 상관없지만 수프에는 주로 양송이나 표고버섯을 사용한다. 그중에 향이 풍부한 표고버섯은 수프에 제격. 생크림이 없다면 우유와 파르메산치즈를 사용하면 된다. 생크림에서 느낄 수 있는 풍미와 꾸덕꾸덕한 질감을 만들기 위해 파르메산치즈를 냄비에 가득 넣고 약불에 서서히 졸여야 한다. 치즈를 많이 넣을수록 수프에 감칠맛이 더해지기 때문에 소금 간은 치즈 양에 따라서 조절하면 된다. 호밀빵을 버터에 바삭하게 구워 만든 크루통도, 팬에 굽지 않은 촉촉한 빵도 수프와 함께라면 언제나 잘 어울린다.

Morning Routine Challenge

03

어느 요리에도 활용도 만점인 버섯.
좋아하는 버섯 요리가 있나요?

채소구이 카레

준비

표고버섯은 윗동과 밑동을 분리하고,
피망은 길쭉하게 자른다.

재료

시판 카레 1인분
표고버섯 3개
당근 1/4개
콜리플라워 1/6개
피망 1/6개
밥 1공기
소금, 후추 약간

① 당근은 둥근 면이 나오도록 얇게 편으로 썰고, 콜리플라워는 한 입 크기로
자른다.
② 채소 재료에 식용유를 골고루 묻혀주고 소금, 후추로 간을 한 뒤
에어프라이어에 180도로 7분간 굽는다.
③ 접시에 밥을 봉긋하게 올리고 카레를 데워 붓는다.
④ 구운 채소를 한쪽에 보기 좋게 담아 완성한다.

식재료를 버리지 않도록 일주일 동안 만들 요리를 생각해 놓는 편이
다. 유통기한이 지나거나 썩어서 버리는 일이 없도록 냉장고 속 재
료들을 점검한다. 이렇게 신경을 쓰더라도 가끔 재료가 남아버리는
경우가 있는데 가득 찬 냉장고의 순환을 위해 '냉장고 털이'를 한다.
그중에서도 제일 좋아하는 메뉴는 카레. 싫어하는 채소도 카레와 함
께라면 거부감 없이 맛있게 먹을 수 있다. 토핑용 채소로 콜리플라
워, 당근, 표고버섯, 피망을 사용했는데 금방 데워 따뜻해진 카레에
바삭하게 구워진 채소들의 식감이 잘 어울린다. 간단한 데다 남은
채소 처리까지 할 수 있으니 일석이조가 아닐까.

04

재료로 가득 찬 냉장고 속을 순환시키는 노하우가 있나요?
오늘은 냉장고를 점검하는 일부터 시작해 볼까요.

브로콜리 수프

준비

❶ 브로콜리와 콜리플라워를 소금물로 깨끗이 씻고 줄기를 제거해 준다.

❷ 한 입 크기로 손질한 다음, 토핑으로 사용할 콜리플라워만 에어프라이어에 160도로 3분간 구워준다.

재료

브로콜리 1개
콜리플라워 1/4개
양파 1/2개
감자 1/2개
우유 200mL, 슬라이스치즈 1장
버터 1큰술, 파르메산치즈
이탈리안 파슬리, 소금
후추 약간

---

❶ 양파는 채 썰고, 감자는 깍둑썰기한다.

❷ 버터를 녹인 냄비에 양파를 볶다가 감자를 넣고, 약불에 감자가 살짝 익을 때까지 볶아준다.

❸ ❷의 팬에 우유, 브로콜리, 슬라이스치즈를 넣고 중불에 끓이듯이 익힌다.

❹ 재료가 다 익으면 믹서에 갈아준다.

❺ 농도가 묽다면 냄비로 옮겨 조금 더 끓이고 그렇지 않다면 바로 먹어도 된다.

❻ 기호에 맞게 소금, 후추, 파르메산치즈를 뿌려 간을 맞춘다.

❼ 그릇에 옮겨 담고, 구운 콜리플라워와 이탈리안 파슬리로 마무리한다.

비슷하게 생긴 두 채소 브로콜리와 콜리플라워. 우리말로는 '꽃양배추'라는 어여쁜 이름으로 불린다. 특히 콜리플라워는 꽃양배추라는 이름답게 흰색, 노란색, 보라색 등이 다양하게 있다. 두 채소가 단지 색상의 차이냐고 묻는다면 그렇다고 볼 수 있다. 손질법, 보관법, 먹는 방법, 맛 등이 거의 비슷하기 때문이다. 콜리플라워를 에어프라이어에 바삭하게 구워 먹으면 바삭한 식감이 배가 되어 크루통 대신 사용하기도 한다. 보통 콜리플라워는 떫은맛이 강하기 때문에 주재료로 사용할 때는 데쳐서 사용하는데 토핑용은 소금물에 깨끗하게 손질만 하고 에어프라이어에 굽기만 하면 된다.

Morning Routine Challenge

05

브로콜리와 콜리플라워의 다른 비밀 레시피를 알고 있나요?

꽃송이버섯
파스타

준비

꽃송이버섯을 끓는 물에 30초~1분
정도 데친다.

♥ 버섯은 오래 조리할수록 크기가
　작아지므로 주의한다.

재료

사냐페치 면 150g
꽃송이버섯 1팩
마늘 3쪽
올리브오일 1큰술
생파슬리, 파르메산치즈
소금, 후추 약간

❶ 　끓는 물에 소금을 넣고 사냐페치 면을 8분 동안 삶아준다.

❷ 　마늘은 편으로 썰어준다.

❸ 　올리브오일을 두른 팬에 마늘을 넣고 약불로 볶는다.

❹ 　삶은 면을 ❸의 팬으로 옮기고 면수를 1국자 넣는다.

❺ 　소금, 후추, 파르메산치즈로 평소보다 강하게 간을 해준다.

❻ 　데친 꽃송이버섯과 생파슬리를 위에 올려주고 버무려 먹는다.

♥ 파스타의 간을 강하게 해야 버섯이 버무려졌을 때 싱겁지 않다.

집에서 요리하는 사람들이 늘어나고 새로운 것을 찾는 이들이 많아진 영향인지 온라인과 대형마트에서 색다른 식재료를 구하는 일이 쉬워졌다. 새로운 식재료에 도전하는 재미도 쏠쏠한데, 그중 눈에 들어온 꽃송이버섯과 루스티켈라 프리모그라노의 '사냐페치'라는 파스타면을 보자마자 '이거다!' 싶었다. 둘 다 불규칙한 물결 모양인데 꼭 열대 바닷속 산호 같다는 생각이 들었다. 생파슬리를 이용해 바닷가 바위에 붙은 이끼 같은 느낌을 주고 싶었다. 오일 파스타를 만드는 것과 흡사하지만 오일이 미끄럽게 코팅되는 느낌보다는 면수가 자작하게 남아 있는 느낌으로 만들어주는 것이 중요하다.

Morning Routine Challenge
06

새로 발견한 식재료가 있나요?
즐거운 요리 생활을 탐험해 보세요.

팔라펠

준비

물에 병아리콩을 하루 정도
불려놓는다.

재료

병아리콩 200g
양파 1/4개
마늘 3쪽
카레 가루 1큰술
소금, 후추 약간

❶ 불려놓은 병아리콩을 양파, 마늘, 카레 가루, 소금, 후추와 함께 믹서에
   갈아준다.
❷ ❶의 반죽을 500원 동전 크기만큼 떼어 동그랗게 굴려준다.
❸ 팬에 식용유를 붓고 반죽을 굴려가면서 갈색으로 변할 때까지 튀겨준다.
❹ 튀긴 팔라펠의 기름을 빼주고 플레이팅한다.
❺ 차지키소스(P.10)를 곁들어 먹거나 샐러드를 곁들어 먹는다.

♥ 팔라펠을 튀길 때 식용유는 반죽이 절반 가량 잠기는 정도여야 한다.

밥에 병아리콩을 넣어 먹는 주간이었다. 집에 병아리콩이 많아진 덕분에 이걸로 만들 수 있는 무언가가 없을까 생각하다가 팔라펠이 떠올랐다. 팔라펠은 중동에서 시작된 음식으로 으깬 병아리콩에 감칠맛을 더하는 다양한 향신료를 넣어 동그랗게 빚어 튀긴 음식이다. 원래의 레시피는 파슬리, 고수잎, 고수씨, 커민 등의 향신료가 다양하게 들어가지만 다 갖추고 있는 집은 몇 없기에 쉽게 구할 수 있는 노란 카레 가루로 대체했다. 한 번 만들어 놓으면 다양하게 곁들여 먹을 수 있고, 무엇보다 식물성 단백질이라 부담 없이 즐길 수 있다. 콩과 두부가 질린다면 팔라펠을 만들어보는 것을 추천한다.

Morning Routine Challenge

07

무궁무진한 향신료의 세계.
어떤 향신료가 들어간 음식을 좋아하세요?

팬케이크 잠봉 갈레트

준비

몬터레이잭치즈를 얇게 자른다.

재료

팬케이크 믹스 가루 100g
우유 170mL
달걀 1개
몬터레이잭치즈 10g
잠봉 2장
세이지, 식용유 약간

❶ 큰 볼에 팬케이크 가루, 우유, 달걀을 넣고 섞는다.

❷ ❶의 반죽을 체에 걸러 불순물을 제거한다.

❸ 넓은 팬에 식용유를 두른 후 키친타월로 닦아 팬에 기름을 골고루 묻힌다.

❹ 반죽을 팬에 얇게 펼쳐 약불에서 굽는다.

❺ 반죽에 기포가 생기고 뒤집개가 들어갈 정도로 가장자리가 익으면 뒤집는다.

❻ 잘라둔 몬터레이잭치즈를 올려 녹이고, 반죽의 사이드를 접어 치즈로
    고정한다.

❼ 접시에 옮겨 잠봉과 세이지를 올려 마무리한다.

♥ 팬케이크 믹스가 약간 묽은 정도로 반죽해야 팬케이크를 얇게 만들 수 있다.

갈레트라는 하나의 명칭에 식사용과 디저트용 두 가지 종류가 있지만 이번 레시피는 식사용으로 만들어진 '갈레트 콩플레(galette Complet)'이다. 메밀 반죽을 얇게 크레이프처럼 얇은 반죽에 속을 채워 먹는 식사이다. 원래 갈레트는 메밀 반죽으로 만들어야 하지만 시중에서 쉽게 구할 수 있는 팬케이크 믹스 가루를 활용해 조리했다. 메밀 갈레트보다는 반죽이 부풀어 올라 두께감이 생겼지만 팬케이크 반죽 특유의 폭신함과 달콤함이 있어 또 색다르다. 처음부터 재료를 너무 많이 채우면 접시로 옮기는 과정에서 반죽이 찢어지거나 망가질 수 있어서 팬에서는 치즈만 넣고 다른 재료는 접시에 옮긴 후 올리는 것을 추천한다.

Morning Routine Challenge
08

기분 좋은 아침을 만들어주는 나만의 특별한 루틴이 있나요?

트러플 크림
감자 뇨끼

준비

❶ 감자를 찌거나 삶는다.
❷ 감자가 식기 전 껍질을
    제거하고 으깨준다.

♥ 뇨끼 반죽이 질면 모양을 잡기 어렵기
    때문에 찌는 것을 추천한다.

재료

큰 감자 2개, 부침가루 1컵
생크림 200mL, 버터 10g
딜, 트러플오일, 파르메산치즈
소금, 후추 약간

♥ 부침가루 대신 밀가루도
    가능하지만 부침가루는 살짝 간이
    되어 있어 추천한다.

❶ 넓은 볼에 으깬 감자를 넣고 부침가루를 조금씩 넣어가며 섞어준다.
❷ ❶에 소금과 후추를 약간 넣어주고 반죽해 준다.
❸ 반죽이 단단해지면 넓은 도마에 부침가루를 살짝 뿌려주고 반죽을 살살 밀어
    길게 만들어준다.
❹ 반죽을 한 입 크기로 잘라 동글납작하게 만든다.
❺ 팬에 버터를 녹이고 약불에서 반죽의 겉면을 살짝 구워준다.
❻ 다른 팬에 생크림, 파르메산치즈, 소금, 후추를 넣고 원하는 농도가 될
    때까지 끓여준다.
❼ 접시에 ❻의 크림소스를 깔고 구운 뇨끼, 딜, 트러플오일을 올려
    플레이팅한다.

만들기 전에는 어려워 보였지만 생각보다 복잡한 과정은 없었던 뇨끼. 뇨끼는 감자나 점성이 강한 밀가루인 세모리나를 반죽해 만드는 요리로, 수제비 반죽을 만드는 것과 비슷하다. 가장 신경 써야 할 부분은 뇨끼 반죽의 농도이다. 촉촉하고 부드럽되 끈적거리거나 손에 묻어 나오지 않아야 한다. 도마에 부침가루를 살짝 뿌리는 이유도 바로 이 때문이다. 수분이 적고 전분이 많은 감자를 골라야 반죽 모양을 잡기 쉽다. 이번 레시피는 데치는 과정을 생략하고 팬에 굽는 방법을 이용했는데 반죽이 질어지면 구울 때 모양이 잡히지 않고 흘러내리기 때문에 더더욱 반죽에 신경 써야 한다. 크림소스 위에 트러플오일과 딜은 선택 사항이지만 트러플 향에 거부감이 없다면 트러플오일을 추가해서 먹는 것을 추천한다.

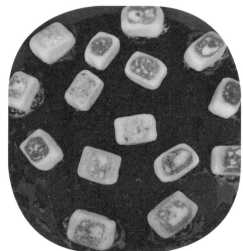

09

만드는 과정이 복잡할 것 같아서 시도하지 않았던 요리가 있나요?
미루지 말고 오늘은 도전해 보세요.

나폴리탄 스파게티

재료

스파게티 면 100g

마늘 3쪽

양파 1/4개

피망 1/2개

비엔나소시지 5개

달걀 1개

케첩 4큰술, 식용유 1큰술

파마산치즈, 소금, 후추 약간

❶ 끓는 물에 소금을 넣고 스파게티 면을 8분 동안 삶아준다.

❷ 마늘은 잘게 다지고 양파, 피망, 비엔나소시지는 적당한 크기로 잘라준다.

❸ 달군 팬에 식용유를 두르고 약불에 마늘, 양파, 비엔나소시지, 피망 순으로
    볶아준다.

❹ 삶은 스파게티 면을 ❸의 팬으로 옮겨 케첩과 함께 볶는다. 모자란 간은
    소금과 후추로 한다.

❺ 반숙 달걀프라이를 스파게티 위에 얹은 다음 파마산치즈를 뿌려 마무리한다.

파스타는 먹고 싶은데 토마토소스를 사러 나가기 귀찮을 때 케첩만
으로 간단하게 만들 수 있는 나폴리탄 스파게티를 추천한다. 이탈리
아 정통 파스타와 맛을 비교할 수는 없겠지만 가끔 새콤달콤한 케첩
맛의 스파게티가 생각날 때가 있다. 초록색 피망은 넣지 않아도 상
관없지만 왠지 넣어야 더 나폴리탄 스파게티 같고 '파르메산' 아니고
'파마산' 치즈 가루를 뿌려줘야 진짜 나폴리탄의 느낌이 난다. 진한
맛을 더하고 싶으면 굴소스를 한 스푼 더해도 좋다. 일본 드라마 〈심
야 식당〉에서 마스터가 나폴리탄 스파게티를 만들어 손님들의 마음
을 치유해 주듯이 마음이 지친 날에는 나를 위한 한 끼로 나폴리탄
스파게티는 어떨까.

Morning Routine Challenge

10

마음이 지친 날, 나에게 위로가 되는 음식은 무엇인가요?

자색고구마 뇨끼

준비

❶ 자색고구마를 찌거나 삶는다.

❷ 익은 자색고구마가 식기 전에 껍질을 제거하고 으깨준다.

❸ 양파를 잘게 다진다.

❹ 타히니소스(P.11)를 준비한다.

♥ 뇨끼 반죽이 질어지면 모양 잡기 어렵기 때문에 찌는 것을 더 추천한다.

재료

작은 자색고구마 3개

양파 1/4개

부침가루 1컵

식용유 1큰술, 타히니소스 1큰술

자색고구마칩, 견과류

소금, 후추 약간

---

❶ 넓은 볼에 으깬 자색고구마를 넣고 부침가루와 섞어준다.

❷ ❶에 소금과 후추를 약간 넣어주고 섞은 다음, 물을 소량씩 넣으면서 뭉쳐질 정도로 반죽한다.

❸ 넓은 도마에 부침가루를 살짝 뿌려주고 반죽을 살살 굴려 길게 만들어준다.

❹ 반죽을 한 입 크기로 자른다. 취향껏 원하는 모양으로 빚어준다.

❺ 끓는 물에 반죽을 넣고 떠오르면 건져낸다.

❻ 팬에 식용유를 두르고 반죽 겉면을 살짝 구워 바삭한 식감을 더해준다.

❼ 접시에 타히니소스를 부어준 후 구운 뇨끼를 올린 다음, 자색고구마칩과 견과류를 올려 마무리한다.

♥ 고구마는 감자와 다르게 전분이 없어서 모양 잡기에 더 힘들다.

평소 감자 뇨끼만 만들다가 고구마 뇨끼에 도전했다. 하지만 간과한 점이 있다면 감자와 고구마의 질감이 달라 삶고 찌는 과정에서 차이가 생긴다는 점이다. 자색고구마는 감자보다 촉촉하고 쫀득함이 없어 반죽하기가 더 까다로웠고 촉촉한 반죽을 삶으니 모양이 흐트러져 아쉬웠다. 자색고구마로 뇨끼를 만들 때에는 반죽에 전분을 추가하거나 찐 고구마를 반죽 후에 팬에 굽기만 하는 조리법을 추천한다. 감자 뇨끼에 비해 쫀득함은 덜하지만 곁들인 타히니소스랑 먹으니 고소함을 온전히 느낄 수 있었다. 자색고구마 뇨끼는 가지피클과 볶아 먹어도 맛있다. 무엇보다도 보라색 뇨끼는 시선을 사로잡기에 최고다.

Morning Routine Challenge

11

구황작물은 늘 언제 먹어도 맛있죠.
좋아하는 구황작물이 있나요?

프로슈토를 올린
밀크 리소토

준비

1 생쌀을 물에 30분 동안
　불린다.
2 야채스톡을 물에 녹인다.
3 프로슈토를 잘게 찢는다.

재료

쌀 2/3컵
마늘 2쪽
야채스톡 1/2개, 프로슈토 3장
우유 200mL
파르메산치즈, 트러플오일
소금, 후추 약간

---

1 마늘을 잘게 다지고 약불에 볶는다.
2 마늘이 살짝 익어갈 때 1의 팬에 불린 쌀을 넣고 같이 볶아준다.
3 2의 팬에 물에 녹인 야채스톡을 쌀이 잠길 정도로만 살짝 넣어준다.
4 약불에 우유를 넣고 끓인다.
5 파르메산치즈를 듬뿍 뿌려주고 소금, 후추로 기호에 따라 간을 맞춘다.
6 원하는 농도가 될 때까지 끓여준다.
7 접시에 리소토를 옮기고 잘게 찢은 프로슈토와 트러플오일을 올려준다.

우연히 프로슈토가 잔뜩 올라간 밀크 리소토를 사진으로 접한 후 맛이 정말 궁금해져 직접 만들어보았다. 이 레시피의 특징은 생크림이 없어도 만들 수 있다는 점이다. 생쌀에서 나오는 전분이 우유와 섞이면서 리소토를 되직하게 만들어주는 듯하다. 생크림이 들어가지 않아서인지 비교적 느끼함이 덜해 프로슈토와 잘 어울린다. 이 리소토를 만들 때 중요한 점이 세 가지 있는데 파르메산치즈를 많이 뿌리는 것, 질 좋은 프로슈토를 사용하는 것, 트러플오일을 넣는 것이다. 이렇게 하면 풍미를 한층 높일 수 있다. 연말 같은 특별한 날에 좋아하는 지인들에게 이 메뉴를 와인과 함께 대접한다면 요리 잘한다는 소리를 들을 수 있을지도.

Morning Routine Challenge

12

나만의 파티 요리가 있나요?
정성스러운 한 그릇으로 소중한 사람에게 고마운 마음을 전해보세요.

귤칩 크림치즈 베이글

준비

❶ 호두 크림치즈를 주걱으로
부드럽게 풀어준다.
❷ 짤 주머니 속에 ❶을 넣고
짤 주머니 앞의 뾰족한 부분을
지름 1cm 크기로 자른다.

재료

베이글 1개
호두 크림치즈 100g
귤칩, 피칸, 딜 약간

❶ 베이글을 가로로 반절 자른다.
❷ 짤 주머니에 넣은 호두 크림치즈를 베이글 위에 100원 크기 정도로
동그랗게 짜서 올린다.
❸ 귤칩, 피칸, 딜로 베이글 위를 꾸민다.

식사용 빵으로 사랑받는 베이글. 담백한 맛과 쫀득한 식감, 다양한 맛으로 즐길 수 있는 크림치즈의 조화가 매력적이다. 크림치즈를 평범하게 발라 먹는 건 재미없으니까 동그랗게 만들어 장난을 보탰다. 베이글로도 케이크나 타르트의 모양을 만들고 싶었다. 말린 보석귤칩과 피칸이 크림치즈와도 잘 어울릴 것 같아 올려봤는데 마치 말린 꽃을 올린 것 같기도 하고 너무 예뻤다. 은은한 단맛과 고소함이 나는 호두 크림치즈 자체로도 맛있었지만 새콤한 귤칩의 맛이 조화롭게 느껴진다.

Morning Routine Challenge

13

심플한 크림치즈 베이글 , 푸짐한 연어 베이글, 햄과 치즈를 넣은 베이글.
어떤 조합의 베이글을 좋아하세요?

버터 감자구이와
차지키소스

재료

큰 감자 2개
버터 1큰술, 차지키소스(P.10)
소금, 설탕 약간

---

❶   감자 껍질을 제거하고 한 입 크기로 잘라 물에 10분 정도 담가놓는다.

❷   감자를 건져 물기를 빼준다.

❸   팬에 버터를 두르고 감자를 약불에 구워준다.

❹   살짝 익는다 싶을 때 소금과 설탕을 넣어 더 노릇하게 구워준다.

❺   접시에 옮기고 위에 차지키소스를 올려준다.

차지키소스는 요거트 베이스의 그리스식 소스로 소스 안에 딜과 오이, 레몬즙이 들어가 상큼한 맛을 더해준다. 주로 느끼함을 잡아주는 소스로 많이 사용한다. 연어나 튀김류, 샐러드와 샌드위치에도 잘 어울리기 때문에 디핑 소스류를 좋아한다면 추천하는 소스다.

Morning Routine Challenge

14

구워도, 쪄도, 튀겨도 맛있는 감자.
어떤 감자 요리를 좋아하세요?

루벤 샌드위치

준비

❶ 물기를 제거한
   사워크라우트를 준비한다.
❷ 실온에 버터를 녹인다.

재료

호밀빵 2장
버터 30g
와규 파스트라미 4장
슬라이스 고다치즈 2장
사워크라우트(P.12)
치포틀레소스 약간

❶ 호밀빵 안쪽 면에 각각 치포틀레소스를 얇게 바른다.
❷ 호밀빵 ▶ 고다치즈 ▶ 와규 파스트라미 ▶ 사워크라우트 ▶ 고다치즈 ▶ 호밀빵
   순으로 쌓는다.
❸ ❷의 상태에서 빵의 바깥 면에 실온에 녹인 버터를 얇게 바른다.
❹ 팬에 ❸을 약불로 굽다가 프라이팬 뚜껑을 잠깐 덮어준다.
❺ 한쪽 면이 노릇해지면 반대편으로 뒤집어 노릇해질 때까지 굽는다.

샌드위치 이름은 보통 속 재료에 좌우된다. 비엘티 샌드위치, 잠봉 뵈르 샌드위치 같은 것들만 봐도 알 수 있다. 하지만 루벤 샌드위치는 좀 특별하다. 이 샌드위치 속에 든 주재료의 이름은 놀랍게도 '루벤 햄'이 아니라 '파스트라미'이다. 파스트라미는 소고기를 향신료와 양념을 넣은 소금물에 담가 염지한 뒤 건조, 훈연한 것이다. 나는 이 샌드위치에 꽤 진심이다. 루벤 샌드위치를 위해서 사워크라우트를 직접 만들었으면 말 다 했지 않나. 사실 치포틀레소스가 아닌 러시안소스, 고다치즈가 아닌 에멘탈치즈로 만드는 게 정석이라고 한다. 정석의 맛은 아니지만 다른 재료들이 뛰어나기에 차이는 크지 않다. 가득 넣은 버터 때문인지 집 안 가득 버터 향이 진동했다. 갓 만들어 따끈한 상태의 루벤 샌드위치는 정말 최고. 집에 크러시드페퍼와 피클이 있다면 함께 먹는 것을 추천한다.

Morning Routine Challenge
15

샌드위치의 매력은 다양한 속 재료의 변신이 가능하다는 것.
꼭 들어가야 하는 나만의 샌드위치 재료가 있나요?

사워크라우트와 소시지

재료

통밀빵 2장
소시지 1개
살사소스 6큰술, 카레 가루 1큰술
시나몬 파우더 1큰술
파프리카 파우더 1큰술
사워크라우트(P.12), 설탕 약간

① 볼에 살사소스와 가루 재료를 모두 넣고 설탕으로 당도를 조절한다.
② ①을 전자레인지에 30초~1분 동안 데운다.
③ 소시지를 팬에 굽는다.
④ 통밀빵과 소시지 위에 소스와 사워크라우트를 올린다.

독일에서는 추운 겨울을 대비해 오래 보관할 수 있는 음식들이 발달했는데 대표적인 것이 소시지이다. 소시지를 활용한 요리 중에 독일에서 흔히 접하는 음식으로는 커리부어스트가 있다. 이름 그대로 소시지에 카레와 케첩을 뿌린 커리부어스트는 독일의 대표적인 길거리 음식이다. 커리부어스트의 소스는 원래 토마토퓌레를 사용하는데 남은 토마토 살사소스가 있어서 그걸로 대신했다. 살사 특유의 이국적인 매콤함이 느껴지긴 하지만 카레 맛이 중화시켜 주어 괜찮다. 소스에 물을 따로 넣지 않아 농도가 진한 편인데 너무 진하다 싶으면 물을 소량 넣어줘도 괜찮다.

Morning Routine Challenge

16

간단하지만 재치 있는 요리로 하루를 시작합니다.
오늘은 어떤 일이 펼쳐질까요?

달걀 아스파라거스
주먹밥

재료

밥 1공기
달걀 1개
아스파라거스 5대
조미되지 않은 김
식용유 1큰술, 간장 1큰술
참기름 1큰술, 맛술 1/2큰술
소금 약간

❶   아스파라거스는 앞부분만 따로 남겨두고, 나머지는 잘게 자른다.
❷   팬에 식용유를 두르고 약불에 ❷를 볶다가 소금 간을 해준 뒤 덜어낸다.
❸   볼에 달걀을 깨 섞어준 후 약불로 예열된 팬에 달걀물을 부어
      스크램블드에그를 만든다.
❹   볼에 밥, 볶은 아스파라거스, 스크램블드에그, 양념 재료를 넣고 잘 섞어준다.
❺   ❹를 주먹 크기로 뭉쳐준다.
❻   김을 적당한 크기로 잘라 붙여주고 남은 아스파라거스로 플레이팅한다.

♥   아스파라거스 앞부분은 버리지 않고 마지막에 플레이팅으로 사용한다.

이 레시피는 흐리고 추운 날 집에서 수면 잠옷에 담요를 두르고 바깥을 보면서 먹으면 어울릴 것 같다. 평소에 수족냉증이 있어 겨울에는 손이 얼음장처럼 차갑다. 가끔은 집 안에 있어도 으슬으슬하다고 느껴질 때가 있는데 주먹밥과 함께 따뜻한 국물을 마시면 얼었던 몸이 풀리는 느낌이 든다. 맛이 강한 찌개류보다는 맑은 느낌의 국을 추천한다.

17

아무것도 하기 싫은 날이 있죠.
그때는 잠시 무거운 짐을 내려놓고, 나를 돌보는 일부터 시작합니다.

우엉 연근 주먹밥

준비

반찬 가게에서 우엉조림과
연근조림을 구매한다.

재료

밥 1공기
파 1/3대
우엉조림 1/4컵
연근조림 2조각
조미되지 않은 김
조림 속 양념 2큰술, 참기름 1큰술
맛술 1/2큰술, 참깨 약간

❶   우엉조림과 파를 잘게 잘라준다.
❷   큰 그릇에 밥과 ❶의 재료를 넣고 조림 양념, 참기름, 맛술과 함께 섞어준다.
❸   ❷를 주먹 크기로 뭉쳐준다.
❹   김을 적당한 크기로 잘라 붙여주고 연근조림과 참깨로 플레이팅한다.

1인 가구는 반찬을 직접 만들기보다는 구매해 먹는 것에 익숙할 텐데 이 주먹밥 역시 완성된 우엉조림을 기본으로 한 주먹밥이다. 집에 마침 우엉조림과 연근조림 두 가지가 모두 있어 플레이팅 마지막에 연근을 사용했지만 없다면 둘 중 하나만 사용해도 괜찮다. 나는 밥 양념으로 조림에 같이 들어있는 양념을 사용했는데 부족하다면 간장으로 대체해도 무관하다. 자신을 위한 플레이팅인 만큼 원하는 재료로 입맛에 맞게 사용하면 좋을 것 같다.

Morning Routine Challenge

18

집에 있는 반찬을 활용한 나만의 초간단 요리가 있나요?

새우 타코

준비

❶ 양파를 찬물에 담가 아린 맛을 제거한다.

❷ 양파, 방울토마토, 마늘을 잘게 다진다.

❸ 토르티야를 구부려 모양을 잡고 에어프라이어에 180도로 5분간 구워 준비한다.

재료

· 토르티야 2장
가당 플레인요거트 1개
냉동 새우 6개
다진 마늘 1작은술
고춧가루 1큰술, 맛술 1큰술
쪽파 1대, 식용유, 소금, 후추 약간

· 살사: 방울토마토 7개, 양파 1/2개
마늘 1쪽, 레몬즙, 소금, 후추 약간

---

❶ 냉동 새우를 녹이고 고춧가루, 맛술, 다진 마늘, 소금, 후추로 양념한다.

❷ 식용유를 두른 팬에 ❶의 새우를 굽는다.

❸ 다진 야채들을 한데 섞고 레몬즙, 소금, 후추로 간을 맞춰 살사를 만든다.

❹ 구운 토르티야에 살사 ▶ 구운 새우 ▶ 플레인요거트를 차례로 넣는다.

❺ 쪽파를 다져 올려 마무리한다.

타코도 샌드위치만큼 속 재료에 따라 크게 달라지는 음식 중 하나
다. 이 레시피에는 새우와 살사, 요거트를 사용했지만 그 외에도 고
기, 생선, 채소, 허브, 치즈 등 다양한 재료를 사용할 수 있다. 마지막
에 플레인요거트를 올려주고 잘게 썬 쪽파를 올렸다. 구하기 어려운
사워크림 대신 단맛이 살짝 있는 플레인요거트로 대체해도 타코에
꽤나 잘 어울린다. 새우의 매콤함, 살사의 상큼함, 요거트의 달콤함
이 공존하는 다채로운 맛이다.

Morning Routine Challenge

19

타코의 매력은 다양한 재료를 넣을 수 있다는 것.
어떤 재료가 들어간 타코를 좋아하나요?

샌드위치 케이크
체리, 브라운치즈, 피스타치오버터

준비

❶ 실온에 버터를 녹인다.
❷ 피스타치오를 잘게 썬다.
❸ 크림치즈를 고무 주걱으로
　 부드럽게 풀고 우유와
　 스테비아(또는 설탕)를 넣어
　 잘 섞어준다.

재료

· 체리 150g, 식빵 2장
　 브라운 치즈 3장
· 피스타치오버터: 버터 15g
　 피스타치오 30g
　 시나몬 슈거 약간
· 데커레이션 크림:
　 크림치즈 200g, 우유 1~2큰술
　 스테비아 2큰술

♥ 크림치즈의 점도에 따라 우유의
　 양을 조절한다.

---

❶ 식빵의 테두리를 자르고 3등분 해서 직사각형 모양으로 만들어준다.
❷ 실온에 녹인 버터를 잘게 자른 피스타치오과 시나몬 슈거를 섞어
　 피스타치오버터를 만든다.
❸ 속 재료용 체리는 1/2로, 브라운치즈는 ❶의 식빵 크기에 맞춰 자른다.
❹ 식빵 ▶ 피스타치오버터 ▶ 브라운치즈 ▶ 체리 ▶ 데커레이션 크림 순으로
　 쓰러지지 않게 쌓는다.
❺ 남은 데커레이션 크림을 ❹의 겉에 바른다.
❻ 짤 주머니로 크림을 올려주고 체리와 브라운치즈를 이용해 장식한다.

재료의 한정은 때로는 새로운 아이디어를 가져다주기도 한다. 오븐이 없어서 만들 수 있는 음식이 한정적이지만, 오히려 샌드위치 케이크를 떠올리고 만들게 된 계기가 되었다. 오븐이 있었다면 샌드위치와 케이크를 합칠 생각은 하지 못했을 것이다. 언젠가 플레이팅이 아름다운 디저트 사진들을 보고 난 후에 '오븐 없이도 케이크를 만들 수 없을까?'라는 생각이 들었다. 크림에 색을 넣고, 바르고, 모양을 변형하는 과정이 어렵지만 재미있다. 샌드위치 케이크를 하나 만들면 두세 명이 먹을 양이 나와 가족들, 친구들과 보내는 시간이 많아지는 연말에 파티용으로 만들어보기를 추천한다. 만들고 나면 뿌듯함은 덤이다.

Morning Routine Challenge

20

새로움에 도전하는 오늘,
어떤 도전을 계획하고 있나요?

살랑살랑 봄바람이 생각나는 산뜻한 음식

봄

아스파라거스
샌드위치

준비

볼에 소스의 재료를 1:1로 섞어
만들어둔다.

재료

· 통밀식빵 2장
미니 아스파라거스 6개
슬라이스햄 3장
슬라이스치즈 2장
마늘칩 2큰술, 올리브오일 1큰술
· 소스: 와사비마요네즈 1큰술
홀그레인 머스터드 1큰술

❶ 아스파라거스를 통밀식빵 크기에 맞게 자른다.
❷ 팬에 올리브오일을 두르고 아스파라거스를 굽는다.
❸ 준비해 둔 소스를 식빵 단면에 발라준다.
❹ 통밀식빵 ▶ 치즈 ▶ 햄 ▶ 구운 아스파라거스 ▶ 마늘칩 ▶ 통밀식빵 순으로
쌓아준다.

♥ 피클, 크러시드페퍼와 함께 먹으면 더 맛있다.

3월부터 5월까지는 낮에 햇빛을 쬐며 피크닉을 즐기기에 최적의 시기다. 여름으로 넘어가면 뜨거운 햇볕으로 야외에서 음식을 먹기 힘든 날씨가 되기 때문에 봄의 따스한 날씨를 최대한 즐겨야 한다. 피크닉을 갈 때 포장 음식을 가져가도 좋지만, 직접 준비한 음식을 함께 나누어 먹는 것에서 오는 행복감은 생각보다 크다. 샌드위치는 들고 가기에도, 먹기에도 용이하기 때문에 피크닉과 가장 잘 어울리는 메뉴다. 이번 샌드위치에는 구운 아스파라거스와 튀긴 마늘칩을 넣었다. 샌드위치에 바삭한 식감과 마늘 향이 더해져서 기분 전환에 그만이다. 마늘은 굳이 직접 튀기지 않아도 시중에 판매되는 것이 많으니 활용해 보았으면 한다.

Morning Routine Challenge
01

좋아하는 피크닉 장소가 있나요?
어떤 곳인지 궁금해요.

치커리 샌드위치

준비

소스의 재료를 1:1:1로 섞어
만들어둔다.

재료

· 통밀식빵 2장
  토마토 2개
  치커리 50g
  슬라이스햄 3장
  슬라이스치즈 2장
· 소스: 마요네즈 1작은술
  홀그레인 머스터드 1작은술
  꿀 1작은술

❶   토마토는 얇게 썰고, 치커리는 씻은 후 물기를 제거한다.

❷   통밀식빵 단면에 준비해 놓은 소스를 바른다.

❸   통밀식빵 ▶ 치커리 ▶ 토마토 ▶ 햄 ▶ 치즈 ▶ 통밀식빵 순으로 쌓아준다.

♥   피클, 크러쉬시페퍼와 함께 먹으면 더 맛있다.

샌드위치를 만들 때는 재료를 쌓은 순서가 중요하다. 재료 중 토마토, 오이와 같이 물기가 많은 재료를 첫 번째나 마지막에 두면 빵이 축축해져 식감을 망칠 수 있으므로 중간에 자리하는 것이 좋다. 빵의 단면에 잼이나 소스를 바르면 재료를 고정해 주는 역할을 하기 때문에 재료들이 미끄러지지 않는다. 치커리는 쌉쌀한 맛 때문에 단독으로 먹기에는 호불호가 갈릴 수 있지만, 샌드위치에 넣어 먹으면 쓴맛이 중화되어 쉽게 즐길 수 있다. 맛있는 빵과 금방 만들 수 있는 소스만 있다면 다양한 샌드위치를 만들어 먹을 수 있다.

Morning Routine Challenge

02

나만의 샌드위치 비법이 있나요?

오픈 샌드위치

준비

❶ 자색양파는 채를 썰어 찬물에 담가 아린 맛을 제거한다.

❷ 소스의 재료를 1:1로 섞어 만들어둔다.

재료

· 치아바타 1개, 프리제 50g
  식물성 햄버그스테이크 1개
  방울토마토 3개
  자색양파 1/6개
  이쑤시개

· 소스: 마요네즈 1작은술
  홀그레인 머스터드 1작은술
  꿀 1작은술

❶ 치아바타를 가로로 반 자른 다음, 각각 2등분하여 최대한 정사각형 모양으로 만든다.

❷ 식물성 햄버그스테이크를 팬에 구워 한 김 식힌 다음, 4등분 한다.

❸ 방울토마토는 1cm 간격으로 자른다.

❹ 치아바타 ▶ 소스 ▶ 프리제 ▶ 식물성 햄버그스테이크 ▶ 방울토마토 ▶ 자색양파 순으로 쌓아준다.

❺ 내용물이 쓰러지지 않게 이쑤시개로 고정해 준다.

매년 갱신하는 이상 온도와 극지방의 빙하가 녹는 영상 등을 보며 지구온난화의 심각성을 느끼고 있다. 그래서 소소하게라도 환경을 위해 실천하는 습관이 있는데 그중 한 가지가 '육류 섭취 줄이기'이다. 완벽하지는 않지만 시도라도 해보는 것이 좋지 않을까 하는 마음. 이유가 어찌 됐든 비건을 지향하는 사람들이 늘어나면서 비건을 위한 식재료들이 다양해지고 있다. 이번 샌드위치에는 식물성 햄버그 스테이크를 사용했다. 비건 마요네즈와 메이플, 아가베시럽을 사용한다면 소스까지 비건으로 먹을 수 있어 좋다.

Morning Routine Challenge
03

지구의 온도 변화가 체감되는 요즘,
지구의 건강을 위해 실천하고 있는 생활 습관이 있나요?

바질페스토 파스타

재료

스파게티니 면 100g
바질페스토 3큰술(P.13)
선 드라이드 토마토 1작은술
루콜라 10g
마늘 3쪽
파르메산치즈, 소금, 후추 약간

① 끓는 물에 소금을 넣고 스파게티니 면을 8분 동안 삶아준다.
② 마늘은 잘게 썰고, 루콜라는 씻어서 물기를 제거한다.
③ 면이 익어갈 때쯤 다른 팬에 잘게 썬 마늘을 약불에 볶아준다.
④ 면을 건져내어 ③에 넣고 바질페스토와 섞어준다.
⑤ 파르메산치즈를 뿌리고 소금, 후추로 간을 맞춘다.
⑥ 접시에 옮겨 담고 루콜라와 선 드라이드 토마토를 올려 마무리한다.

♥ 프로슈토를 올려 먹어도 맛있다.

마트나 식료품점에서 쉽게 찾아볼 수 있는 바질페스토. 시판 바질페스토는 직접 만든 바질페스토의 선명한 초록색을 따라잡을 수 없다. 향도 마찬가지로 직접 만든 것이 바질의 싱그러운 향이 더욱 강하다. 다만 날씨가 따뜻해지면 바질페스토는 빨리 상하기 때문에 오래 보관하고 싶다면 1인분씩 소분해 냉동 보관한다. 사용하기 15분 전에 실온에서 해동시키면 얼리기 전 바질페스토의 맛을 그대로 느낄 수 있다.

Morning Routine Challenge

04

향긋한 허브 향에 기분까지 좋아집니다.
어떤 허브를 좋아하세요?

바질페스토 크림 뇨끼

준비

❶ 감자를 찌거나 삶는다.

❷ 감자 껍질을 제거하고
   으깨준다.

♥ 뇨끼 반죽이 질어지면 모양을 잡기
   어렵기 때문에 찌는 것을 추천한다.

♥ 삶은 후 찬물에 식히면서 껍질을
   제거하면 훨씬 수월하다.

재료

• 큰 감자 2개
  부침가루 1컵, 버터 1큰술
  선 드라이드 토마토 1작은술
  바질 5장, 트러플오일 약간

• 소스: 생크림 200g
  바질페스토 1.5큰술(P.13)
  파르메산치즈, 소금
  후추 약간

❶ 넓은 볼에 으깬 감자를 넣고 부침가루를 조금씩 넣어가며 섞어준다.

❷ ❶에 소금과 후추를 약간 넣어 반죽해 준다.

❸ 반죽이 단단해지면 넓은 도마에 부침가루를 살짝 뿌려주고 반죽을 살살 밀어
   길게 만든다.

❹ 반죽을 한 입 크기로 잘라 모양을 다듬는다.

❺ 팬에 버터를 녹이고 약불에서 반죽의 겉면을 살짝 구워준다.

❻ 다른 팬에 생크림, 바질페스토, 파르메산치즈, 소금, 후추를 넣고 원하는
   농도가 될 때까지 끓여준다.

❼ 접시에 ❻의 크림소스를 깔고 구운 뇨끼, 바질잎, 선 드라이드 토마토,
   파르메산치즈를 올려 플레이팅한다.

뇨끼를 만들 때 밀가루를 사용하지 않고 부침가루를 사용해 반죽했
다. 뇨끼를 반죽할 때는 밀가루에 첨가물을 다양하게 넣어 반죽해
야 하는데, 집에는 부침가루밖에 없었다. 부침가루는 밀가루 중력분
에 소금과 설탕, 전분과 베이킹파우더 등이 섞여 있는, 어느 정도 간
이 되어 있는 밀가루라고 보면 된다. 오히려 집에서 쉽게 만들기에
는 부침가루가 훨씬 수월할 수 있다. 감자에 부침가루를 섞을 때는
한 번에 다 섞지 말고 조금씩 넣어가며 조절해야 한다. 뇨끼 반죽에
는 물이 들어가지 않기 때문에 부침가루를 한 번에 많이 넣어 건조해
지면 반죽이 뭉쳐지지 않는다. 이렇게 되면 다시 되돌릴 수 없어 주
의해야 한다.

Morning Routine Challenge
05

오늘 시도해 본 뇨끼는 어땠나요?
에피소드를 공유해 주세요.

레몬 바질 리소토

준비

① 물에 치킨스톡을 넣고 끓인다.
② 레몬 절반은 짜서 즙을 내고 껍질을 갈아 제스트를 만든다. 나머지 반은 토치로 겉면을 살짝 굽는다.

♥ 치킨스톡 대신 야채스톡을 사용해도 좋다.

재료

생쌀 2/3컵
고체형 치킨스톡 1/2개, 물 300mL
마늘 2쪽, 양파 1/2개
레몬 1개
소주(또는 화이트와인) 1/2컵
바질 10장, 올리브오일 1큰술
버터 1큰술, 파르메산치즈
소금, 후추 약간

---

① 마늘과 양파를 잘게 썰어 올리브오일을 두른 팬에 넣고 약불에 볶는다.
② ❶에 레몬즙을 뿌린 뒤, 헹군 쌀을 넣고 같이 볶는다.
③ 소주나 화이트와인을 넣고 바글바글 끓인다.
④ 치킨스톡 육수 200mL와 버터를 넣고 졸이다가 육수 100mL를 더 넣어 자작해질 때까지 끓인다.
⑤ 소금, 후추, 파르메산치즈를 뿌려 기호에 따라 간을 맞춘다.
⑥ 생바질과 토치에 구운 레몬, 레몬 제스트로 토핑하여 완성한다.

아침을 챙겨 먹으면서 새로 생긴 버릇이 있다. 냉장고에 있는 재료로 최대한 다양하게 요리할 수는 없을지 궁리한다. 틈날 때마다 새로운 음식의 조합을 생각해 보는데 마침 왕창 사놓은 바질이 남아 있었다. 바질을 베이스로 한 샌드위치, 파스타, 페스토에만 익숙해져 조금은 지겨워질 찰나에 새로운 조합을 찾고 싶었다. 보통 바질 리소토는 바질페스토를 사용한 리소토가 보통인데, 레몬과 버터가 메인이고 바질을 토핑으로만 사용한다는 점이 신선한 느낌으로 다가왔다. 날이 따뜻해질수록 산뜻하고 상큼한 것이 끌리기 마련인데 상큼한 리소토라니, 상상이 안 되겠지만 바질의 상큼한 향긋함이 꽤 어우러진다. 상큼한 리소토 맛에 피클에 손이 가지 않을 수도 있다.

Morning Routine Challenge

06

최근에 산 식재료가 궁금해요.
어떤 맛의 요리가 펼쳐질까요.

명란 달걀말이

재료

달걀 3개
명란 2개
쪽파 1대
식용유 1큰술

---

1. 볼에 달걀을 풀어준다.
2. 팬에 식용유를 두르고 달군 후 달걀물을 지단을 부치듯 얇게 펴주고 약불에서 익힌다.
3. 지단이 익어갈 때 지단 한쪽에 명란을 올린다.
4. 뒤집개와 젓가락을 이용해 지단을 살살 말아준다.
5. 지단 끝부분에 남은 달걀물을 살짝 부어 말린 부분이 풀리지 않도록 고정한다.
6. 한 김 식힌 후 달걀말이를 자르고 잘게 썬 쪽파를 얹어 플레이팅한다.

♥ 명란을 올린 부분 아래쪽에 불을 놓고 익히면 수월하게 달걀말이를 만들 수 있다.

명란을 좋아하게 된 지는 사실 얼마 되지 않았다. 오히려 그전에는 명란을 별로 좋아하지 않아서 명란 파스타 같은 건 입에도 대지 않았는데, 입맛은 계속 변하나 보다. 달걀말이를 할 때 명란 껍질을 제거하지 않고 명란을 달걀지단 위에 올리면 수월하게 말 수 있다. 만드는 중에 아무것도 안 넣은 달걀 말이도 실패하던 지난날들이 떠올라서 살짝 부끄럽지만 처음부터 잘하는 사람이 어디 있을까? 스스로 합리화해 본다. 실패하더라도 다음에 잘하면 된다.

Morning Routine Challenge

07

이전에는 좋아하지 않다가,
최근에 좋아하게 된 식재료나 음식이 있나요?

명란 주먹밥 구이

준비

간장, 물, 올리고당을 1:2:1 비율로
섞어 주먹밥 위 소스를 만든다.

재료

- 밥 1공기
  명란 2개
  마요네즈 1큰술, 김 가루 약간
- 소스: 간장 2큰술, 물 4큰술
  올리고당 2큰술

❶   명란 1개를 칼등으로 긁어 마요네즈와 섞어 속을 만든다.
❷   밥을 3등분으로 나누고 각각 펴준다.
❸   밥에 ❶를 넣고 뭉친 후 동글납작한 모양을 만든다.
❹   ❷의 단면에 소스를 바르고 기름 두른 팬에 굽는다.
❺   남은 명란 1개도 칼등으로 긁어내고 3등분으로 동그랗게 뭉쳐준다.
❻   구운 주먹밥 위에 김과 명란을 취향껏 올려준다.

♥   손에 물을 묻힌 채로 주먹밥을 만들면 손에 밥이 붙지 않는다.

밥 한 공기를 기준으로 주먹밥은 주먹 만한 크기로 3개를 만들 수 있다. 주먹밥이나 김밥은 이상하게도 평소보다 더 많이 먹게 되는 음식이다. 특히나 집에서 아무 생각 없이 먹다 보면 두 공기 정도는 거뜬하게 먹게 된달까. 그래서 애초에 밥 한 공기를 퍼놓고 주먹밥을 만들었다. 눈으로 직접 확인을 하고 만들면 먹는 양이 가늠이 되어 과식을 막게 된다. 과식한 후 배가 너무 불러 기분 나빠지는 그 느낌이 싫었는데 직접 만들고 사진으로 남기는 과정이 생기면서 양 조절이 되고 거의 과식을 안 하게 되었다. 레시피 기록의 순기능일지도.

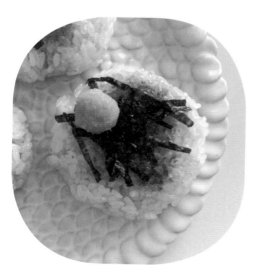

굿모닝 레시피를 시작한 이후로 나의 삶에 어떤 변화가 생겼나요?

아보카도 명란 덮밥

준비

❶ 후숙한 아보카도를 반으로
   자르고 씨를 제거한다.

❷ 아보카도가 총 4등분이
   나오도록 한 번 더 잘라준다.

❸ 껍질을 제거하고
   깍둑썰기한다.

❹ 손질한 아보카도에
   전체적으로 레몬즙을 뿌린다.

♥ 아보카도를 4등분 한 후 껍질을 까면
   모양이 무너지지 않고 껍질을 제거할
   수 있다.

♥ 레몬즙을 뿌리면 갈변을 막아준다.

재료

밥 1공기
아보카도 1개
달걀 1개
튜브 명란
처빌 20g
김 가루, 레몬즙, 소금, 후추 약간

---

❶ 밥을 밥공기에 넣고 흔들어 동그란 모양으로 만든다.

❷ 덮밥용 그릇에 동그란 모양의 밥을 옮겨 담는다.

❸ 달걀프라이를 반숙으로 구워 밥 위에 올린다.

❹ 밥 주변으로 손질한 아보카도를 올리고 명란을 짜서 올린다.

❺ 처빌과 후추로 마무리한다.

브런치나 샌드위치, 샐러드 구성에서 주로 볼 수 있는 아보카도가 밥이랑 잘 어울릴지 예상이 되지 않을 것이다. 왠지 싱겁고 밍밍할 것처럼 생겼지만 아보카도 명란 덮밥은 생각보다 맛의 밸런스가 잘 맞는 음식이다. 명란의 짠맛을 부드럽고 기름진 맛의 아보카도가 잡아준다. 불을 쓰는 건 달걀프라이밖에 없으니 요리를 못하는 사람도 충분히 즐길 수 있다. 반숙 달걀프라이를 얹어 먹으면 고소한 맛이 더해지니 추천한다.

부라타치즈
딸기 샐러드

준비

냉동 부라타치즈를 냉장실에서
해동한다.

재료

냉동 부라타치즈 1개
딸기 7개
바질 50g
올리브오일 1큰술

❶ 해동한 부라타치즈를 잘라서 접시에 올린다.
❷ 딸기는 꼭지를 제거하고 일부는 1/2, 일부는 1/4 크기로 자른다.
❸ ❶의 접시에 딸기와 바질, 올리브오일로 플레이팅한다.

'봄' 하면 가장 먼저 떠오르는 과일은 딸기이다. 봄을 오롯이 느끼고 싶어 부라타치즈, 딸기, 바질로 산뜻한 딸기 샐러드를 만들었다. 냉동 부라타치즈를 사용하려면 하루 전에 냉장실에서 해동이 필수다. 해동시킬 때 치즈 모양이 망가지는 끔찍한 일은 다행히도 일어나지 않았다. 오히려 식감이 훨씬 부드러워져서 마음에 들었다. 샐러드에 올리브오일을 올리면 가볍고 산뜻한 느낌이 들고, 메이플 시럽을 두르면 달콤한 디저트 같은 맛이 되니 취향에 맞게 선택하면 좋을 듯하다. 와인과 함께 곁들이면 더욱 맛있는 샐러드다.

Morning Routine Challenge
10

딸기는 매일 먹어도 질리지 않아요.
딸기로 만드는 나만의 레시피가 있나요?

딸기 크림치즈 팬케이크

재료

팬케이크 믹스 가루 100g

우유 45mL

달걀 1개

식용유 1큰술

딸기 크림치즈 70g

딸기콩포트(P.14), 동결 딸기칩 약간

❶ 큰 볼에 팬케이크 가루, 우유, 달걀을 넣고 섞는다.

❷ 식용유를 팬에 두르고 키친타월로 닦아 팬에 기름을 골고루 묻힌다.

❸ ❶의 반죽을 팬에 원하는 크기로 올려 약불에 천천히 익힌다.

❹ 한 면이 갈색빛을 띠면 뒤집어 굽는다.

❺ 팬케이크를 쌓아 올리고 딸기 크림치즈, 딸기콩포트, 딸기칩을 얹어
마무리한다.

♥ 팬케이크 믹스를 올릴 때 한 곳을 중심으로 부어야 반죽이 골고루 퍼진다.

시판 팬케이크 믹스를 이용한 계량이 거의 필요 없는 초간단 레시피! 요즘은 1인분 양으로 소분되어 있는 믹스가 나와 정말 편하다. 팬케이크를 만들 때 딸기콩포트와 동결 딸기칩은 필수는 아니지만 추가했을 때 맛이나 식감을 더욱 살려주는 재료이니 한 번쯤은 꼭 활용해 보길 추천한다.

달짝지근한 콩포트나 잼을 만들면 마음까지 달달해지는 느낌이 들어요.
콩포트를 직접 만들어본 경험이 있나요?

딸기 프렌치토스트

재료

자르지 않은 통식빵
딸기 1줌
달걀 2개
우유 150mL
버터 1큰술
메이플시럽, 소금, 설탕 약간

❶   딸기는 꼭지를 제거하고 일부는 1/2로, 일부는 1/4 크기로 자른다.
❷   통식빵을 3cm 정도 두께로 자른다.
❸   큰 볼에 달걀, 우유, 소금, 설탕을 넣고 풀어준다.
❹   식빵을 ❸의 달걀물에 넣고 20분 이상 충분히 담가놓는다.
❺   버터를 넣어 팬을 달군 다음 식빵을 약불에서 구워준다.
❻   거의 다 구워질 때쯤 메이플시럽과 설탕을 살짝 뿌려 캐러멜라이징한다.
❼   접시에 옮겨 담고 메이플시럽과 손질한 딸기로 플레이팅한다.

♥   달걀물이 골고루 입혀질 수 있도록 식빵을 한 번씩 뒤집어준다.

프렌치토스트를 만들 때 식빵이 두꺼워 달걀물에 20분 정도 푹 담가 놓았다. 이때 식빵을 뒤집어 가며 골고루 적셔주어야 촉촉한 토스트를 만들 수 있다. 시간을 들이면 들일수록 그만한 결과를 얻을 수 있을 것이다.

시간을 들여야만 맛있어지는 요리가 있어요.
마음이 급해서 실패한 요리가 있나요?

비트페스토 파스타

재료

- 비트페스토: 비트 1개, 아몬드 30g
  마늘 3쪽, 레몬 1/2개
  엑스트라버진 올리브오일 0.5큰술
  파르메산치즈 약간

- 비트 파스타: 푸실리 면 100g
  휘핑 생크림 50g, 소금, 후추 약간

♥ 휘핑 생크림은 선택 사항이다.

비트 페스토

❶ 세척한 비트를 속까지 익도록
   삶고 한 김 식힌다.
❷ 껍질을 제거하고 작게 썰어둔다.
❸ 삶은 비트, 올리브오일, 아몬드,
   마늘, 레몬, 파르메산치즈를
   믹서에 넣고 간다. 이때 레몬은
   즙을 내어 넣어준다.
❹ ❸에 소금, 후추를 넣고 한 번 더
   갈아준다.

♥ 비트가 믹서에 잘 갈리지 않으면
   올리브오일을 좀 더 넣어준다.

비트 파스타

❶ 끓는 물에 소금을 넣고
   푸실리 면을 8분 동안
   삶아준다.
❷ 면을 건져내어 비트
   페스토와 섞어준다.
❸ 휘핑한 생크림과 남은
   비트 조각이 있다면 살짝
   올려 마무리한다.

♥ 페스토가 너무 꾸덕꾸덕해서
   면과 잘 섞이지 않으면 면수를
   넣어준다.

삶은 비트로 만든 파스타는 무슨 맛일까. 비트의 강렬한 색감이 호기심을 불러왔다. 여태껏 먹어본 적 없는 파스타 맛이라 생소하게 느껴질 수도 있을 것이다. 삶은 비트의 맛 자체는 단맛이 들어간 찐옥수수 맛이 나는데 레몬즙으로 상큼한 맛을 더해주었다. 파스타 위에 올라간 휘핑크림은 단순한 호기심이었다. 파스타에 묽은 생크림을 넣는 것이나 쫀쫀한 휘핑 친 생크림을 올리는 것이나 맛은 비슷하지 않을까. 만약 강렬한 핑크색을 원한다면 비트페스토만 사용하고, 페스토에 생크림을 섞으면 봄이 연상되는 은은한 연핑크색 파스타를 만들 수 있다.

Morning Routine Challenge
13

낯선 색감이라 당황했던 요리가 있나요?

큐피드 소시지

재료

비엔나소시지 6개
오이 1/4개
이쑤시개 6개
불닭마요네즈 1큰술

---

① 끓는 물에 비엔나소시지를 넣고 1분 정도 데쳐준다.

② ①의 비엔나소시지를 대각선으로 자르고 모양을 돌려 하트 모양을 만들어준다.

③ 오이를 1cm 간격으로 둥근 단면이 나오도록 자른다.

④ ③의 오이를 4등분한 다음 뾰족한 화살 촉의 모양으로 자른다.

⑤ 이쑤시개를 이용해 비엔나소시지 ▶ 오이 순으로 꽂아준다.

⑥ 접시에 불닭마요네즈를 살짝 올리고 ⑤를 플레이팅한다.

많은 소스 중에서 불닭마요네즈를 선택한 이유는 주홍빛이 도는 색이 마음에 들었고 질감이 너무 단단하지도, 묽지도 않아 접시에 올리면 자연스럽게 흐른다. 무엇보다 비엔나소시지와 잘 어울리는 맛이다. 이 레시피는 도시락 통에 담아 가져가기에도 너무 귀엽고, 이쑤시개로 고정되어 있기 때문에 들고 이동해도 좋다. 아삭한 오이가 소시지의 무거움을 잡아주어 마음에 든다. 누군가에게 대접한다면 상대방의 사랑을 독차지할 수 있을 것만 같다.

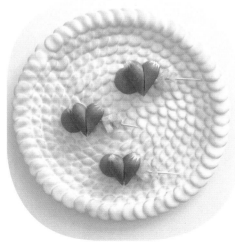

Morning Routine Challenge
14

소중한 이에게 마음을 다해 음식을 대접한 적이 있나요?
어떤 음식을 선물했나요?

프리제를 올린 콘 타코

준비

❶ 통밀토르티야를 4등분으로
   자른다.
❷ 콘 모양으로 말아 모양을 잡고
   에어프라이어에 160도로
   8분간 굽는다.

♥ 에어프라이어마다 사양이 다르므로
   잘 구워지는지 수시로 확인한다.

재료

통밀토르티야 1장
아보카도 1개
방울토마토 7개
자색양파 1/2개
프리제 30g
살사소스 1큰술
가당 요거트 1큰술
레몬즙 1작은술, 설탕, 후추 약간

---

❶ 방울토마토와 자색양파는 잘게 썰어준다.
❷ 아보카도는 껍질과 씨앗을 제거한 후 으깨준다.
❸ ❷에 잘게 썬 방울토마토와 자색양파를 섞어준다.
❹ ❸에 레몬즙, 설탕, 후추를 기호에 맞게 넣으면 과카몰리가 완성된다.
❺ 콘 모양의 구운 토르티야에 과카몰리 ▶ 살사소스 ▶ 가당 요거트 순으로
   올린다.
❻ 손질한 프리제를 꽂아 마무리한다.

♥ 껍질을 제거한 아보카도는 갈변을 방지하기 위해 레몬즙을 뿌려두는 것이 좋다.

타코는 오믈렛처럼 속 재료를 감싸는 듯한 모양이 대중적이지만 색다르게 만들고 싶어 아이스크림콘 모양으로 구워보았다. 한 손에 들고 먹으면 손에 소스가 묻지도 않고 굉장히 편하다. 내가 사용한 에어프라이어는 용량이 10L로 매우 작은 크기다. 토르티야를 콘 모양으로 만들어 4개 넣으니 자연스럽게 고정이 되는 정도다. 작은 크기의 에어프라이어는 한꺼번에 많은 양을 구워내지 못해 답답할 수도 있지만 과식을 막아주어 오히려 감사하다고 해야 할까. 가당 요거트 대신 무가당 요거트로 대체해도 좋고, 사워크림을 올리면 더욱 타코스러운 맛이 난다. 하늘하늘한 프리제는 생일 파티 때 사용하는 폭죽 같기도 한 모양새로 요리에 즐거움을 더했다.

Morning Routine Challenge
15

에어프라이어의 사용법은 무궁무진해요.
어떤 레시피를 가장 좋아하나요?

골드키위
프렌치토스트

재료

자르지 않은 통식빵
달걀 2개
골드키위 1개
우유 150mL, 생크림 150mL
버터 1큰술, 소금, 설탕
메이플 시럽 약간

❶   통식빵을 3cm 정도 두께로 자른다.
❷   넓은 볼에 달걀, 우유, 소금, 설탕을 넣고 풀어준다.
❸   식빵을 ❷의 달걀물에 20분 이상 충분히 담가 놓는다.
❹   팬에 버터를 두르고 식빵을 약불에서 구워준다.
❺   거의 다 구워질 때쯤 메이플 시럽과 설탕을 살짝 뿌려 뒤집어준다.
❻   생크림을 핸드믹서로 휘핑한다.
❼   토스트가 살짝 식었을 때 골드키위 ▶ 생크림 순으로 플레이팅한다.

♥   달걀물이 골고루 입혀질 수 있도록 식빵을 한 번씩 뒤집어 준다.

내가 제일 처음 접했던 프렌치토스트는 얇은 식빵에 달걀물을 촉촉하게 입히고 노릇하게 구운 후 설탕을 솔솔 뿌린 가장 기본적인 모습의 토스트였다. 우유 한 잔과 토스트가 기억에 남는 것을 보니 어린 시절의 나에게는 꽤나 인상 깊었나 보다. 그렇게 프렌치토스트는 나에게 있어 '달콤하고 맛있는 음식'으로 자리 잡았다. 이후 카페에서 두껍게 빵을 썰어 구워낸 프렌치토스트를 먹게 되었는데 캐러멜라이징 되어 겉이 바삭한 빵에 생크림과 과일을 잔뜩 올린 토스트는 다시 한번 더 신선한 충격을 주었다. 집에서 프렌치토스트를 만들 때 생크림을 올리려면 토스트가 다 식은 상태에서 과일을 아래에 깔고 그 위에다 올려주거나 아예 따로 플레이팅하는 것이 좋다. 안 그러면 순식간에 생크림이 녹아버리는 대참사가 일어날지도 모른다.

Morning Routine Challenge

16

어린 시절 좋아했던 추억의 메뉴가 있나요?

미나리 문어 샐러드

준비

❶ 문어 내장을 제거 후 밀가루로
문어를 치대고 흐르는 물에
씻는다.

❷ 냄비에 물을 넉넉히 넣고 무와
소주를 넣고 강불에서 끓인다.

❸ 끓는 물에 손질한 문어를 넣고
중불에서 6분 정도 익힌다.

♥ 자숙 문어 다리를 사용해도 무관하다.

재료

· 문어 1마리
  미나리 1줌
  양파 1/2개
  파프리카 1/2개
  올리브오일, 레몬즙 1작은술
  오리엔탈소스 1작은술
  후추 약간
· 문어 손질: 밀가루 2컵
  무 1토막, 소주 1잔

---

❶ 삶은 문어의 다리를 자른다.

❷ 팬에 올리브오일을 두르고 문어의 색이 노릇해질 때까지 굽는다.

❸ 미나리는 4등분 하고 양파와 파프리카는 잘게 썰어 큰 볼에 담는다.

❹ ❸에 올리브오일, 레몬즙, 오리엔탈소스를 넣고 섞어준다.

❺ 접시에 ❹를 올린 다음 문어 다리를 가지런히 놓고, 주변으로 남은 소스를
부려 플레이팅한다.

미나리가 풍부하게 자라는 계절이다. 아빠가 키운 미나리가 넘쳐나서 반강제로 미나리를 먹어야 했다. 참기름에 무쳐 먹거나, 초장에 찍어 먹기, 고기와 함께 쌈으로 먹기 등 열심히 노력했다. 계속 뻔한 방식으로 먹으니 금세 질려 다른 방법은 없을까 고민하다가 문어와 미나리를 이용한 차가운 요리를 생각해 냈다. 세비체는 해산물에 레몬이나 라인 베이스의 드레싱을 더해 상큼한 맛이 특징적인 샐러드이다. 드레싱으로는 레몬즙과 올리브오일, 오리엔탈소스를 섞어 사용했는데 이때 엑스트라버진 올리브오일을 사용하길 권장한다. 올리브유라고 적힌 식용유를 썼다가는 산뜻함은 없고 느끼함을 얻을 수 있다. 그리고 1인 가구는 문어를 통째로 사기엔 손질하기에도, 양이 많아 부담스러울 수 있으니 대형마트에서 파는 진공포장된 자숙 문어 다리를 사다 쓰는 것을 권장한다.

미나리 한 단을 사면 양이 꽤 많아요.
어떤 요리를 하면 좋을까요?

피넛버터 파스타

준비

1 냉동된 자숙 새우를 미지근한
   물에 넣고 해동한다.
2 해동되면 물기를 제거하고
   소금, 후추를 뿌리고
   섞어둔다.
3 소스의 재료를 믹서에 넣고
   간다.

재료

- 스파게티 면 100g
  냉동 자숙 새우 6개
  마늘 3쪽, 후추 약간
  처빌, 코코넛칩 약간
- 소스: 무가당 피넛버터 60g
  물 1큰술, 식용유 1큰술, 간장 1큰술
  스리라차 1큰술, 맛술 1큰술
  레몬즙 1큰술, 설탕 1작은술
  소금 1작은술

---

1 끓는 물에 소금을 넣고 스파게티 면을 8분 동안 삶는다.
2 가열된 팬에 식용유를 두르고 잘게 썬 마늘을 넣고 약불에 볶는다.
3 마늘이 살짝 익으면 준비한 새우를 굽고 꺼내놓는다.
4 삶은 스파게티 면을 ❸의 팬으로 옮기고 미리 준비한 소스도 함께 넣어
   버무린다.
5 면수 2국자를 넣고 적당한 농도가 될 때까지 끓인다.
6 파스타를 접시에 옮겨 담고 구운 새우, 처빌, 코코넛칩으로 플레이팅한다.

♥ 일반 피넛버터를 사용한다면 설탕을 조금만 첨가한다.

예전에 에그 누들 비빔면이라는 메뉴를 접하게 되었다. 땅콩 베이스에 이국적인 매콤한 맛이 더해진 차가운 면 요리였다. 스리라차에서 동남아의 느낌이 나고 피넛버터에서 중국의 지마장 느낌이 섞인 태국과 중국 그 어딘가의 맛. 어느 나라 음식이라고 단정 지을 수는 없지만 견과류를 좋아하는 나의 입맛에 잘 맞아서 인상 깊었다. 그 맛을 잊지 못해 아쉬운 대로 직접 만들어봐야겠다는 생각이 들었다. 피넛버터 맛이 난다는 기억 하나만으로 파스타를 만들어보았다. 스리라차와 피넛버터, 간장의 조합이 쉽게 상상되지 않겠지만 의외로 중독적인 감칠맛이 있다. 대신에 이 레시피는 따뜻한 파스타이다. 너무 춥지도 덥지도 않은 지금 같은 날에 어울릴 것 같은 맛이다.

Morning Routine Challenge
18

오리지널 레시피는 아니지만,
내가 만들어낸 새로운 레시피가 있나요?

하몬, 루콜라를 얹은
통밀토르티야 피자

재료

통밀토르티야 2장
모차렐라치즈 60g
살사소스 1큰술
하몬 2줄
루콜라 50g
슬라이스 치즈 2장
파르메산치즈 약간

① 팬을 약불로 달군 다음 통밀토르티야 한 장을 올린다.
② ①에 모차렐라치즈를 얹고 나머지 토르티야 한 장을 얹는다.
③ 팬의 뚜껑을 덮고 치즈가 녹을 때까지 기다린다.
④ 토르티야를 꺼내 가위로 4등분 한다.
⑤ 슬라이스치즈는 병뚜껑을 이용해 동그랗게 만들고, 하몬은 적당한 크기로
　 잘라둔다.
⑥ 토르티야에 살사소스를 얹고 ⑤의 치즈, 하몬, 루콜라를 올린다.
⑦ 파르메산치즈를 뿌려 마무리한다.

타코를 만들어 먹고 남은 토르티야와 살사소스가 있어 만들어본 미니 피자. 도우가 담백한 것이 화덕 피자의 맛이 난다. 토핑을 미리 올리고 피자를 자르게 되면 토핑이 흐트러지기 때문에 도우 부분을 먼저 자르고 토핑을 올려주는 것이 좋다. 동그란 피자에 동그란 치즈로 귀여운 플레이팅을 시도했다. 슬라이스치즈와 파르메산치즈는 선택 사항이지만 맛이 더 좋아지니까 올려주는 것으로. 피자를 먹고 싶은데 시켜 먹기에 부담스러울 때, 아삭한 채소를 먹고 싶을 때 추천한다.

Morning Routine Challenge
19

어떤 토핑이 올라간 피자를 가장 좋아하세요?

데블드 에그

준비

달걀을 뜨거운 물에 10분 동안 삶고
껍질을 제거한다.

♥ 삶은 달걀을 찬물에 담그면 쉽게
    껍질을 제거할 수 있다.

재료

달걀 3개
마요네즈 1큰술
미니 피클 3개
딜, 소금, 후추 약간
초록색 식용색소, 짤 주머니
모양 깍지

① 삶은 달걀을 반을 갈라 흰자와 노른자를 분리한다.

② 큰 볼에 노른자와 마요네즈를 넣고 소금, 후추로 간을 한 뒤 으깨듯이 섞는다.

③ ②를 두 개 분량으로 나누어 한쪽에만 초록색 색소를 넣어 골고루 섞는다.

④ 짤 주머니에 깍지를 끼우고 일반 노른자와 색소를 추가한 노른자를 함께
   넣는다.

⑤ ①의 흰자 속을 ④의 노른자로 채운다.

⑥ 미니 피클과 딜을 잘게 잘라 ⑤에 토핑한다.

데블드 에그라는 생소한 메뉴는 주로 파티 애피타이저에서 자주 볼 수 있다. 간단한 레시피 때문인지 부활절 등 파티 음식으로도 많이 사용된다고 한다. 데블드 에그를 좋아하는 이유는 다양하게 변형 가능하다는 점이다. 나는 토핑 재료로 미니 피클과 딜을 사용했지만 구운 베이컨칩이나 치즈를 올리면 또 다른 맛이 만들어지고 식용색소를 섞으면 독특한 색감을 낼 수 있다.

친구들을 초대할 때 만드는 나만의 메뉴는 무엇인가요?

Good Morning Recipe

뜨거운 태양을 담은 레시피

여름

부라타 냉 파스타

재료

부라타치즈 1개
카펠리니 면 150g
양파 1/2개
바질페스토 1큰술(P.13)
토마토마리네이드 1/2컵(P.15)
애플민트 약간

❶ 양파를 채 썰어 물에 10분 동안 담가 알싸한 맛을 빼준다.
❷ 카펠리니 면을 2~3분 정도 끓이고 찬물에 헹군다.
❸ 접시에 카펠리니 면을 옮겨 담고 채썬 양파와 토마토마리네이드,
  바질페스토, 부라타치즈를 얹는다.
❹ 애플민트로 장식하여 마무리한다.

불 앞에 서 있기 힘든 날이 다가왔다. 부라타 냉 파스타는 이러한 갈증을 해소하기에 충분한 메뉴이다. 반으로 가르면 크림같이 부드러운 치즈가 터져 나오는 동그란 부라타치즈, 상큼한 소스가 곁들여진 토마토마리네이드와 바질페스토, 냉면을 생각나게 하는 얇은 카펠리니 면까지 모든 것이 조화로운 메뉴다. 토마토마리네이드를 잘 만들어 놓으면 식당에서 먹었을 때 못지않은 맛이 난다. 부라타치즈 대신 생모차렐라 치즈를 올려도 꽤 어울린다. 여기에 각자 좋아하는 허브로 본인의 접시를 멋지게 채워보자.

반복해서 재료를 손질하다 보면 어지러운 생각이 조금씩 정리됩니다.
요즘 어떤 고민을 갖고 있나요?

허브 샐러드파스타

재료

푸실리 면 250g
레몬 1/2개
올리브오일 1큰술
화이트발사믹글레이즈 3큰술
바질, 딜, 소금, 후추 약간

---

❶   끓는 물에 소금을 넣고 푸실리 면을 8분 동안 삶아준다.
❷   푸실리를 건져내어 찬물에 씻는다.
❸   작은 볼에 올리브오일, 화이트발사믹글레이즈, 레몬즙을 짜 넣어 소스를 만든다.
❹   큰 볼에 ❷와 ❸의 소스를 잘 버무려준다.
❺   소금과 후추로 간을 한 후 바질과 딜로 플레이팅하여 완성한다.

♥   화이트발사믹글레이즈가 없거나 소스가 모자라면 레몬즙이나 오리엔탈소스를 추가해도 좋다.

가볍게 먹고 싶을 때 추천하는 샐러드 파스타. 차가운 파스타는 여름에 뚝 떨어진 입맛을 돋우는 데 좋다. 흔히 아는 짙은 갈색의 발사믹식초나 발사믹글레이즈를 사용해도 좋지만, 알록달록한 파스타 면과 허브를 반짝여 보이게 만들고 싶어서 투명한 색의 화이트발사믹글레이즈를 사용했다. 화이트발사믹글레이즈는 백포도 농축액에 화이트와인식초를 섞어 졸인 것으로, 일반 드레싱보다 신맛이 적고 단맛이 강하며 쫀득한 질감이다. 여름의 음식은 재료에 과감한 원색을 사용하면 선명해 보여서 좋다. 좋아하는 계절 허브를 넣어 입 안에 향긋함을 느껴보자.

Morning Routine Challenge
02

더워지는 계절에는 입맛이 사라지곤 하는데요.
지금 가장 먹고 싶은 음식이 있나요?

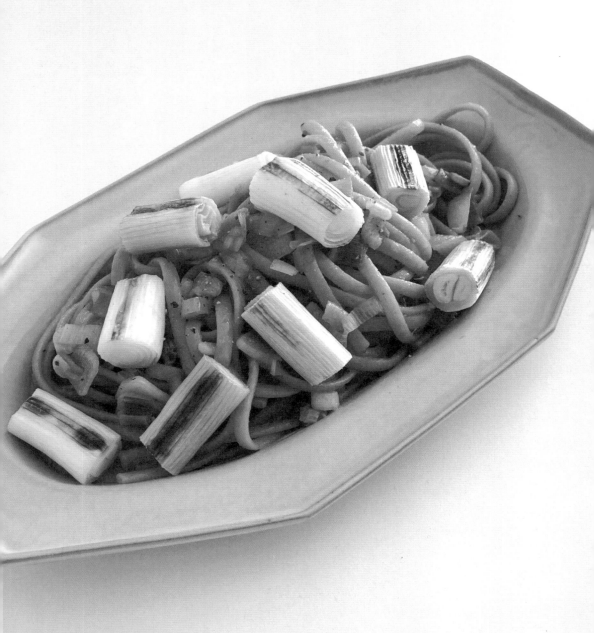

굴소스 대파 파스타

재료

링귀니 면 100g

대파 1대

마늘 3쪽

굴소스 1/2큰술, 올리브오일 1큰술

후추, 파르메산치즈 약간

① 대파를 반은 잘게 썰고, 반은 토핑용으로 2~3cm 크기로 자른다.

② 마늘은 편으로 썰어 준비한다.

③ 토핑으로 올릴 대파는 기름 없는 팬에 노릇해질 정도로 굽는다.

④ 끓는 물에 소금을 넣고 링귀니 면을 9분 동안 삶는다.

⑤ 팬에 올리브오일을 두르고 약불에 잘게 썬 파와 마늘을 굽는다.

⑥ 다 익은 면을 ⑤의 팬으로 옮기고 굴소스를 넣어 섞는다.

⑦ 접시에 옮겨 담고 ③의 구운 대파를 얹어 마무리한다.

더위는 프라이팬을 들 기력도 사라지게 만들지만, 그래도 끼니를 거를 수는 없다. 더운 날씨에 빠르게 휘리릭 만들 수 있는 요리를 해야 한다. 재료도 간편하게 쉽게 구할 수 있는 대파를 사용했다. 이때 대파의 줄기 부분만 사용하는데 흰 부분에서 연한 녹색으로 색이 자연스레 이어지는 부분을 사용한다. 원래는 오일 파스타처럼 하려고 했지만 올리브오일의 양을 너무 적게 한 탓에 굴소스를 넣고 황급히 볶음면 느낌으로 바꾸었다. 그랬더니 오히려 굴소스의 풍미가 구운 대파와 잘 어울린다. 요리의 즐거움은 예상치 못한 상황에서 발견한 새로운 맛일지도.

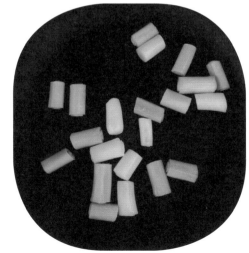

실수로 탄생한 나만의 색다른 요리가 있나요?

4가지 맛 카나페

준비

1. 치아바타를 넓은 단면이
   나오도록 가로로 자른다.
2. ①을 각각 6등분 하여
   총 12조각으로 만든다.

재료

치아바타 1개, 오이 1/6개
살라미 1장, 유러피안 리프 1/2장
크림치즈 1작은술
브라운치즈 1/2장, 에멘탈치즈
1장, 마요네즈 1큰술, 홀그레인
머스터드 1작은술, 후추 약간

마요네즈 오이 카나페

자른 치아바타 3개에 마요네즈를
바르고 오이를 얇게 잘라 올린다.
마요네즈를 동그랗게 짜 올린 뒤 후추를
살짝 뿌려준다.

브라운치즈 카나페

자른 치아바타 3개에 크림치즈를
얇게 바르고, 브라운치즈를
정사각형 모양으로 잘라 올려준다.

살라미 오이 카나페

자른 치아바타 3개에 살라미를 올리고,
얇게 자른 오이를 3등분 해서 얹어준다.

리프 치즈 카나페

자른 치아바타 3개에 유러피안
리프를 올린다. 병뚜껑을 찍어
만든 원 모양의 에멘탈치즈와
홀그레인 머스터드를 더해준다.

여름에 먹기 좋은 가볍고 간단한 카나페이다. 고소한 마요네즈에 시원한 오이, 좀 더 짭조름한 맛이 돋보이는 살라미와 오이, 은은한 단맛과 꾸덕꾸덕한 식감이 포인트가 되는 크림치즈와 브라운치즈, 톡 쏘는 맛으로 단맛을 깔끔하게 정리해 주는 유러피안 리프. 각기 다른 매력을 지닌 작은 재료들이 모여 여름철 입맛을 균형 있게 돋워준다.

작은 것들이 하나씩 모여 삶을 이루게 됩니다.
오늘 어떤 일을 계획하고 있나요?

라임 냉 소바

준비

① 냄비에 물과 다시마를 넣고
   5분 정도 강불에 끓인다.
② 물이 끓으면 다시마를 빼고
   가쓰오부시를 넣어 20분 정도
   더 끓인다.
③ 쯔유와 설탕을 넣고 섞는다.
④ 그릇에 옮겨 담아 랩을 씌운
   후 냉장고에 넣어 식힌다.

재료

· 녹차 메밀 면 100g
  라임 1개, 무 20g
· 육수: 물 500mL, 다시마 1조각
  가쓰오부시 5g, 쯔유 100g
  설탕 2큰술

① 녹차 메밀 면을 끓는 물에 5분 동안 삶는다.
② 익은 면을 건져내어 얼음물에 씻는다.
③ 라임을 깨끗이 씻고 둥근 면이 나오도록 얇게 썬다.
④ 무를 강판에 간 다음 동그랗게 뭉친다.
⑤ 그릇에 면, 라임, 무를 담고 차갑게 식혀둔 육수를 붓는다.

라임과 색이 어울릴 것 같아 호기심에 사본 녹차 메밀 면은 여름의 푸른 나무를 떠올리게 했다. 녹차 메밀 면은 쫄깃한 식감에 녹차 향이 더해져 맛을 한층 끌어올려 주었다. 미리 준비해 둔 육수는 얼음을 넣어 차갑게 해줘도 좋지만 국물이 연해지는 게 싫어서 냉장고에 미리 넣어두었다. 국물을 만드는 과정이 번거롭다고 생각할 수 있지만 맛에 있어 제일 중요한 과정이니 생략하지 않길 바란다. 라임의 새콤한 맛이 국물에 스며들어 시간이 지날수록 더 맛있다. 마지막으로 강판에 곱게 간 무를 물을 짜듯이 모양을 만들어주면 동그란 모양으로 고정이 된다. 동그랗게 뭉쳐 소바에 올리니 고양이 솜털 같은 모양 덕분에 귀여움이 배가 되었다.

Morning Routine Challenge
05

차가운 음식을 먹으면 기분까지 시원해집니다.
즐겨 먹는 차가운 면 요리가 있나요?

오코노미야키

준비

냉동 새우는 해동하고, 자숙 문어
다리는 가늘게 썰어 준비한다.

재료

양배추 1/6개
대파 1/3대
달걀 1개
냉동 새우 5개
자숙 문어 다리 1개
부침가루 30g, 물 45mL
식용유 1큰술, 소금 1작은술
설탕 1작은술, 돈가스소스 1작은술
마요네즈 1작은술, 가쓰오부시 1큰술
파슬리 약간

① 양배추와 대파를 잘게 썬다.
② 큰 볼에 부침가루, 물, 달걀, 소금, 설탕을 넣고 섞는다.
③ ②에 ①을 넣어 골고루 버무린다.
④ 중불로 달궈진 팬에 오일을 넉넉히 두르고 ③을 넣어 둥글게 모양을 잡는다.
⑤ 팬 여백에 새우와 문어도 같이 굽는다.
⑥ 반죽이 동그랗게 모양이 잡히면 약불로 바꾸고 익은 문어와 새우를 반죽
　 위에 얹는다.
⑦ 뒤집개를 이용해 뒤집고, 약불에서 10분 정도 더 익힌다.
⑧ 돈가스소스, 마요네즈, 가쓰오부시, 파슬리를 취향에 맞게 올린다.

생으로 먹는 게 맛있는 채소가 있고 익혀 먹는 게 맛있는 채소가 있는데 나에게 양배추는 후자이다. 잘게 잘라 부드럽게 씹히는 양배추의 식감을 좋아한다. 오코노미야키에는 보통 고기나 오징어, 새우를 넣지만, 집에 먹다 남은 자숙 문어 다리가 있어서 넣어보았더니 다코야키가 연상되는 맛이었다. 문어를 살짝 구워 넣으니 쫄깃함이 더해지는 효과까지 있었다. 소스는 접시가 아닌 팬 위에서 발라야 한다. 돈가스 소스가 열에 익으면 소스의 맛이 진해지는데 이때 맛의 완성도가 높아진다. 볶음밥에 눌어붙은 부분처럼 핵심적인 맛이랄까. 비가 내리는 날 지글지글 구워 창밖을 보며 먹기 좋은 음식이다.

Morning Routine Challenge

06

지글지글 소리까지 맛있는 부침개, 국물이 시원한 해물 칼국수···.
비 오는 날 생각나는 음식은 무엇인가요?

엔다이브와
복숭아 리코타치즈

재료

엔다이브 1개
딱딱한 복숭아 1개
리코타치즈 2큰술
딜 약간
메이플시럽 약간

❶ 엔다이브의 밑동을 자르고 잎을 한 장씩 떼어 씻어준다.

❷ 복숭아는 껍질을 제거한 뒤 적당한 크기로 자른다.

❸ 잎 하나에 리코타치즈 ▶ 복숭아 ▶ 딜 순서로 올린다.

❹ 메이플시럽을 뿌려 마무리한다.

엔다이브는 잎채소 중에서도 우아한 느낌을 주는 채소다. 한 장씩 뜯어놓으면 목련 꽃잎 같기도 하다. 보트 모양으로 뒤집어 리코타치즈, 복숭아 한 조각, 딜을 올리고 메이플시럽을 올리면 보기만 해도 기분 좋은 애피타이저가 된다. 이 메뉴에 한 가지 유의할 점이 있다면 생각보다 엔다이브 위에 재료를 얹는 일이 쉽지 않다는 것이다. 재료를 넣은 엔다이브가 옆으로 잘 기울어지므로 중심을 잘 잡아줘야 한다. 먹을 때는 잎의 끝부분을 잡아 숟가락처럼 들고 먹으면 된다.

07

딱딱한 복숭아와 말랑한 복숭아
어떤 복숭아를 좋아하세요?

오렌지 스뫼레브뢰드

재료

통밀빵 4조각
오렌지 1/2개
슬라이스 고다치즈 1개
금귤잼 약간
꽃잎 티백 1개

① 통밀빵을 1cm 간격으로 자른다.
② 깨끗이 세척한 오렌지를 흰 부분 없이 속만 도려내 준비한다.
③ 오렌지 껍질은 데코용으로 잘게 자른다.
④ 고다치즈를 직사각형으로 자른다.
⑤ 통밀빵 위에 고다치즈 ▶ 오렌지 ▶ 오렌지 껍질을 차례대로 올린다.
⑥ 금귤잼과 티백의 꽃잎으로 플레이팅하여 마무리한다.

불을 사용하지 않는 덴마크식 오픈 샌드위치를 '스뫼레브뢰드'라고 부른다. 우연히 샌드위치 레시피북에서 이 샌드위치를 발견했는데 오렌지를 활용해 오픈 샌드위치를 구성해 보았다. 덴마크식 빵을 주변에서 쉽게 찾을 수 없지만 스뫼레브뢰드에는 어두운 갈색의 거친 느낌의 빵을 사용한다고 되어 있어서 비슷하게 생긴 통밀빵을 선택했다. 금귤잼과 함께 먹는 것을 추천하고 오렌지 껍질과 꽃잎 티백을 곁들이면 더 향긋하게 맛볼 수 있다.

08

과일의 단맛이 가득 들어 있는 잼의 세계는 무궁무진해 보여요.
어떤 잼을 좋아하세요?

템페 치아바타 샌드위치

재료

치아바타 1개
템페 1개
프리제 20g
비건 치포틀레소스 2큰술
액상 스테비아, 후추 약간

❶ 치아바타를 반으로 자른다.
❷ 프리제를 먹기 좋게 손질한다.
❸ 템페를 5조각으로 잘라 소금, 후추 간을 하고, 팬에 오일을 두른 팬에 노릇하게 굽는다.
❹ 비건 치포틀레소스에 스테비아를 섞어 단맛을 추가한다.
❺ 치아바타 사이에 프리제 ▶ 템페 ▶ 치포틀레소스를 차례대로 올린다.

비건 음식에서 자주 보이던 템페의 맛이 궁금해서 구매해 보았다. 단백질의 종류가 한정적인 채식인들에게 콩을 발효시켜 만든 템페는 색다른 단백질이다. 처음에 템페를 접했을 때는 밋밋한 맛에 특유의 발효한 향이 내 취향이 아니라고 생각했는데 간을 잘 맞추고 바삭하게 구워주니 중독성 있는 맛에 곧 빠져들었다. 소스와 함께하면 더 부담 없이 먹을 수 있을 것 같아 샌드위치에 소스를 넣었고, 이왕이면 전부 비건으로 먹어보고 싶어서 비건 치포틀레소스를 사용했다. 나는 단맛을 좋아해서 액상 스테비아를 섞었지만 저마다 기호에 맞게 소스를 제조하면 된다. 스테비아를 사용하는 이유는 대체당을 사용해 조금이라도 당을 줄이기 위한 나의 작은 노력이다.

Morning Routine Challenge
09

낯설지만 점차 빠져드는 템페.
템페를 어떻게 드시고 계신가요?

아보카도 요거트 크림과
카스텔라

재료

카스텔라 2조각
아보카도 1개
그릭요거트 80g
스테비아 약간

①   카스텔라를 2조각 잘라 접시에 놓는다.
②   아보카도, 그릭요거트, 스테비아를 믹서에 넣고 간다.
③   카스텔라 위에 ②의 아보카도 요거트 크림을 얹어 먹는다.

날씨가 더워질수록 아보카도는 금방 갈색이 되어버린다. 후숙이 적당히 됐다고 생각해서 껍질을 까보면 이미 안쪽까지 갈색이 되어버렸거나 너무 물러져서 껍질을 제거하는 도중에 모양이 일그러지는 경우가 많다. 이날도 아보카도 속을 파다 모양이 뭉그러져서 으깨거나 믹서에 갈아 사용할 수 있는 메뉴가 없을까 생각하다가 만들게 된 메뉴이다. 나는 프로테인 카스텔라를 사용했는데 자칫 퍽퍽할 수 있는 식감의 프로테인 카스텔라에 아보카도 요거트 크림을 올리니 촉촉하고 부드러운 식감이 되었다. 건강한 디저트를 찾고 있다면 이 메뉴를 추천해 본다. 단, 크림이 달콤해야 아보카도 특유의 풋내가 사라지니 당도를 어느 정도 추가하는 것이 좋다.

Morning Routine Challenge
10

건강을 위한 나만의 레시피가 궁금해요.

플랫칩과
아보카도 과카몰리

준비

양파를 잘라 물에 10분 이상 담가
매운맛을 뺀다.

재료

플랫칩 2조각
아보카도 1개
방울토마토 6개
양파 1/2개
레몬즙 1작은술, 딜 약간
올리브오일, 소금, 후추 약간

① 아보카도는 껍질과 씨앗을 제거한 뒤 아보카도의 2/3는 으깨고 1/3은
   깍둑썰기한다.
② 양파와 방울토마토를 잘게 썰어 ①과 섞는다.
③ 레몬즙, 소금, 후추로 간을 맞춘다.
④ 완성된 과카몰리를 접시에 동그란 모양으로 올리고 플랫칩을 취향껏 올린다.
⑤ 주변에 올리브오일을 둘러주고 딜로 마무리한다.

상큼함이 더해진 과카몰리는 정말 맛있다. 과카몰리에 방울토마토와 양파를 넣으면 부드럽게 뭉그러진 아보카도 사이에 아삭한 식감이 더해진다. 과카몰리는 상큼한 맛이 강하기 때문에 주로 담백한음식이나 느끼한 음식에 함께 곁들인다. 이번에는 담백한 플랫 칩을사용해 찍어 먹는 카나페처럼 요리했다. 동그란 모양으로 만든 과카몰리에 투박하게 꽂거나 옆에 살포시 얹어놓아 보았다. 사워크림과할라피뇨, 고수 등으로 이국적인 향을 더해도 좋다. 과카몰리를 가지고 또 어떻게 플레이팅을 해볼 수 있을까.

Morning Routine Challenge
11

과카몰리로 새로운 플레이팅에 도전해 보세요.
나만의 플레이팅은 어떤 모습일까요.

플랫칩과 대파구이

재료

플랫칩 1개
대파 1개
와사비마요네즈 1큰술
명란마요네즈 1작은술
연근칩 2조각
파프리카 파우더 약간

❶   대파의 줄기 부분을 2~3cm 크기로 자른다.
❷   자른 대파를 기름 없는 팬에 노릇해질 정도로 굽는다.
❸   플랫칩에 와사비마요네즈를 바르고 구운 대파를 세로로 세운다.
❹   명란마요네즈와 연근칩을 구운 대파 위에 올린다.
❺   파프리카 파우더를 취향껏 뿌려 마무리한다.

플레이팅에는 정답이 없다. 음식의 모양, 놓는 방향, 식기의 종류에 한계를 두지 않으려 노력하고 있다. 전체적인 이미지를 상상하며 만들다 보니 재료도, 만드는 방법도 간단해졌다. 화산이 폭발하는 모습에서 아이디어를 얻어 대파를 세로로 세우고 두 가지 마요네즈로 포인트를 주었다. 파프리카 파우더는 용암의 느낌을 더하기 위해 살짝 올렸다. 연근칩은 맛도 식감도 과자 같아서 음식에 포인트를 주기 좋다. 애매하게 남은 재료들을 다른 요리에 토핑으로 사용하는 것이 굿 모닝 레시피를 하며 생긴 새로운 취미다.

Morning Routine Challenge

12

요리하다 보면 매번 식재료가 남기 마련이에요.
애매하게 남은 식재료는 어떻게 활용하고 있나요?

레몬커드 플랫칩

재료

플랫칩 2개
체리 3개
블루베리 10개
레몬 1/2개
레몬커드 2큰술
바질, 딜 약간

① 플랫칩에 레몬커드를 얇게 바른다.
② 레몬은 반달 모양으로 얇게 썰어 올린다.
③ 체리, 블루베리를 보기 좋게 얹는다.
④ 바질과 딜로 마무리한다.

레몬커드는 부드럽고 달콤한 커스터드크림에 레몬의 상큼함이 더해
진 맛이다. 신맛을 좋아하지 않는데도 먹기에 부담스럽지 않다. 카
나페를 만들 때 레몬커드를 듬뿍 올리고 과일을 많이 올리니 쉽게 무
너진다. 뭐든지 과한 욕심은 화를 부르는 법. 크림은 얇게 바르고 과
일을 올려야 보기에도, 맛에도 좋다. 슬라이스한 레몬이나 레몬 제
스트를 올려도 예쁘다. 대신 참을 수 없는 새콤함은 덤이다.

Morning Routine Challenge

13

카나페에 올릴 수 있는 재료는 무궁무진해요.
어떤 재료를 올린 카나페를 좋아하나요?

찰옥수수 파스타

재료

시금치 페투치니 면 100g
삶은 찰옥수수 1개
버터 10g, 생크림 30g
딜, 소금, 후추 약간

① 삶은 찰옥수수를 심지와 분리하고, 토핑용은 조금만 따로 빼놓는다.
② 버터를 녹인 팬에 찰옥수수를 볶고 소금, 후추로 간을 한다.
③ 믹서에 ②와 생크림을 넣고 곱게 갈아 옥수수크림을 만든다.
④ 끓는 물에 소금을 넣고 시금치 페투치니 면을 10분 동안 삶는다.
⑤ 면을 접시에 올린 후 옥수수크림을 올린다.
⑥ 토핑용 옥수수와 딜을 올려 완성한다.

♥ 옥수수크림이 되직하면 우유로 농도를 조절해 준다.

초록색을 띠는 시금치 페투치니 면과 아이보리색의 찰옥수수가 어울릴 것 같아 선택한 메뉴. 여름에는 초당옥수수를 사용하는 메뉴들이 많이 보이지만 좀 더 구하기 쉬운 찰옥수수를 선택했다. 찰옥수수로 크림을 만들면 초당옥수수로 만든 것보다 찰기가 있어 농도가 진하다. 본문 레시피에서는 파스타 면을 먼저 접시에 올린 후 페투치니 면 위에 옥수수크림을 얹어 플레이팅 했기 때문에 면을 푹 삶았지만, 팬에서 면과 크림을 버무린 후 접시에 옮겨 담는다면 면을 약간 덜 삶는 것이 좋다. 집에 토치가 있다면 토핑용 옥수수를 불로 살짝 그을리면 더욱 먹음직스럽게 마무리할 수 있다.

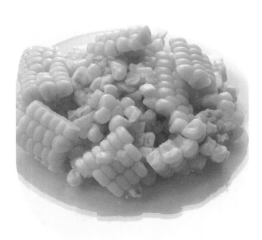

Morning Routine Challenge
14

찰옥수수와 초당옥수수
어떤 옥수수를 좋아하나요?

연어 스테이크와 요거트소스

재료

분량의 소스 재료를 섞어 준비한다.

재료

· 스테이크용 연어 1토막
  방울토마토 5개, 올리브오일 1큰술
  이탈리안 파슬리 약간
· 요거트소스: 가당 플레인요거트 80g
  마늘 3쪽, 레몬즙 1작은술
  후추 약간

❶ 스테이크용 연어를 전자레인지에 데우거나, 팬에 올리브오일을 둘러 굽는다.
❷ 방울토마토는 에어프라이어에 160도로 5분간 굽는다.
❸ 접시에 요거트소스를 담고 연어 스테이크를 올린다.
❹ 방울토마토, 이탈리안 파슬리로 취향껏 플레이팅한다.

극강의 귀찮음이 밀려오는 날, 전자레인지로 데우기만 하면 완성되는 연어 스테이크를 준비했다. 그동안 생연어는 덮밥으로, 훈제연어는 샌드위치를 만들었는데 이번에는 통으로 구워보았다. 연어를 스테이크처럼 먹으니 맛도 식감도 더 담백해진 느낌이었다. 담백한 연어스테이크에 상큼한 맛을 더하기 위해 요거트소스를 곁들였다. 집에 있는 요거트가 무가당이라면 꿀이나 올리고당을 추가해 당도를 맞춘다.

Morning Routine Challenge

15

아무것도 하기 싫은 귀찮은 날.
주로 어떤 요리를 하나요?

치즈 오믈렛과
올리브

재료

달걀 3개
슬라이스치즈 2장
그린 올리브 3개
케요네즈 2큰술
올리브오일 1큰술
소금 약간

① 볼에 달걀 3개를 깨서 소금을 넣고 풀어준다.
② ①을 체에 걸러 고운 달걀물을 만든다.
③ 올리브오일을 두른 팬에 ②를 넣어 약불로 익힌다.
④ 스크램블드에그를 만들 때처럼 휘젓는다.
⑤ 길게 자른 슬라이스치즈를 가운데 놓고 가장자리를 살살 접어준다.
⑥ 약불 상태에서 팬을 기울여 치즈 근처까지 접어주고 반대쪽도 접는다.
⑦ 뒤집개 또는 손목 스냅을 이용해 한 번에 뒤집는다.
⑧ 접시에 옮기고 케요네즈와 그린 올리브로 마무리한다.

오믈렛은 불 조절, 손목 스냅, 시간 3박자가 모두 잘 맞아야 하는 민감한 요리라고 생각한다. 반을 갈랐을 때 속이 와르르 쏟아지게 하기 위해서 여러 번 시도해 보았지만 스크램블드에그가 되어버리거나 어느 한쪽이 터져버리거나 너무 익어버리는 등 다양하게 웃긴 결과물이 나왔다. 언제나 완벽한 결과물은 아니더라도 요리하다 실패하더라도 포기하지 말아야 한다. 늘 실패할 때 스트레스를 많이 받는 편인데 '그럴 수 있지' 하고 단순하게 생각하려는 연습을 하고 있다. 하려는 게 무엇이 됐든 서툰 부분이 보이더라도 시도해 보는 것에 의의를 두자고 생각하면 마음이 한결 편해진다. 요리를 하면서 점차 긍정적으로 변화하는 것 같다.

Morning Routine Challenge

16

스트레스를 받을 때, 어떤 마음가짐으로
상황을 극복하고 있나요?

명란 마요
가지말이 밥

재료

가지 1개
청양고추 1개
튜브 명란
밥 1공기
참기름 1큰술, 소금, 참깨 약간
마요네즈 약간

①   가지는 필러로 얇게 슬라이스한다.

②   청양고추는 얇게 썰어놓는다.

③   팬에 슬라이스한 가지를 올리고 기름 없이 약불로 노릇해질 정도로 굽는다.

④   밥 한 공기에 참기름, 참깨, 소금으로 간을 맞춘다.

⑤   밥을 흩어지지 않게 동그랗게 뭉치고 구운 가지로 돌돌 말아준다.

⑥   ⑤의 가지말이 밥을 세로로 세워서 플레이팅하고 밥 위에 명란, 마요네즈,
        청양고추를 올린다.

취미 삼아 작은 텃밭을 가꾸는 중인 아빠는 가지가 잘 자라는지 일주일에 한 번씩은 꼭 가지를 가져와서 가지나물, 가지 오이냉국, 가지 튀김 등을 만드셨다. 그런데도 남는 가지는 나의 몫으로 돌아왔는데 사실 그게 더 좋았다. 이왕이면 제철에 쉽게 구할 수 있는 재료로 만들어 먹으면 좋으니까. 누군가가 그랬다. 우리의 남은 삶이 제철 음식을 얼마나 허락할지 모른다고.

Morning Routine Challenge

17

선명한 색감의 여름 식재료는 늘 매력적이에요.
여름하면 어떤 식재료가 떠오르나요?

가지 튀김과
깐풍소스

준비

① 마늘은 편을 썰어 준비한다.
② 간장, 식초, 맛술, 올리고당, 굴소스를 1:1:1:1:0.5 비율로 섞는다.
③ ①과 ②를 섞고 작은 냄비에 소스를 졸인다.

재료

· 가지 1개
  튀김가루 3큰술
  부침가루 3큰술
  물 1/2컵, 홍고추 약간, 식용유
· 깐풍소스: 간장 1큰술
  식초 1큰술, 맛술 1큰술
  올리고당 1큰술
  굴소스 1/2큰술, 마늘 2쪽

① 가지는 둥근 단면이 나오게 0.7cm 간격으로 자른다.
② 튀김가루, 부침가루, 물을 섞어 반죽을 만든다.
③ 비닐봉지에 ①을 넣고 튀김가루를 넣고 흔들어 골고루 가루를 묻힌다.
④ ②의 반죽에 ③을 묻히고, 식용유를 넉넉히 두른 팬에 튀기듯이 굽는다.
⑤ 노릇하게 구워지면 꺼내고 깐풍소스와 홍고추를 올려 마무리한다.

여름마다 집에서 가지전을 자주 먹었는데 이번엔 가지 튀김을 만들어보았다. 튀김을 하게 되면 기름을 처리하기가 번거로운데 튀김가루로 반죽을 만들어 팬에 구우면 굳이 기름을 가득 넣어 튀기지 않아도 제법 바삭하게 만들어진다. 그냥 먹어도 되지만 곁들이는 소스가 없으면 금방 물려버려 주로 간장이나 절임류랑 같이 먹는다. 이번엔 색다르게 대만 음식점에서 먹어본 깐풍소스를 따라해 보았다. 실고추를 올리면 더 신비로워 보일 것 같았는데 당장에 구하지 못해 홍고추 얇게 썰어 비슷하게 흉내를 내보았다. 깐풍소스의 매콤한 향이 더해져 가지와 잘 어울린다.

Morning Routine Challenge
18

어렸을 때는 가지의 맛을 잘 몰랐던 것 같아요.
지금은 좋아하는 가지 요리가 있나요?

쑥갓 튀김과
명란 마요

재료

쑥갓 1단
튀김가루 2컵
물 1컵
식용유, 명란마요네즈 약간

❶ 쑥갓은 씻어서 물기를 제거한다.
❷ 튀김가루 1컵, 물을 잘 섞어 반죽을 만든다.
❸ 쑥갓을 비닐봉지에 담고 튀김가루 1컵을 넣고 흔들어 골고루 가루를 묻힌다.
❹ 오목한 팬에 기름을 넉넉히 두르고 뜨겁게 데운다.
❺ 반죽을 살짝 넣어보고 끓어오르면 ❸을 반죽에 묻혀 튀긴다.
❻ 노릇해지면 거름망이나 키친타월 위에 건져내 기름기를 제거한다.
❼ 명란마요네즈와 곁들여 먹는다.

쑥갓 주간이었다. 쑥갓은 특유의 향이 강해서 국물이나 생채소 그대로 사용하는 경우가 많은데 아무래도 독특한 향을 지닌 것들은 진입 장벽이 있다. 나 역시 쑥갓과 친하지 않았다. 하지만 튀김으로 먹으면 생각이 달라질지도 모른다. 얇은 잎에 튀김옷을 입히니 엄청 바삭해져서 계속 손이 가는 튀김 중 하나다. 쑥갓은 모양이 예뻐서 튀김 옷을 입혀도 본연의 모양이 살아 있는 게 좋다. 튀김 더미 속에 쑥갓 튀김이 있다면 바로 구별할 수 있을 정도다. 추가로 명란마요네즈까지 함께하면 비 오는 날 정말 잘 어울리는 안주가 된다. 시판 마요네즈도 꽤 괜찮게 나오고 집에 명란이 있다면 명란과 마요네즈를 직접 섞어 만들어보기를 추천한다.

Morning Routine Challenge

19

무엇을 튀겨도 맛있는 튀김 요리.
어떤 튀김을 가장 좋아하세요?

청포도 가스파초

재료

청포도 150g

대파 30g

오이 1/2개

플레인요거트 35g, 올리브오일 1큰술

화이트발사믹글레이즈 약간

소금 1작은술

① 청포도는 포도 심지를 제거하고 깨끗히 씻는다.

② 오이와 대파는 한 입 크기로 자른다.

③ 팬에 올리브오일을 두르고 대파를 중약불로 노릇해질 때까지 굽는다.

④ 앞에서 준비한 재료들과 플레인요거트를 믹서에 넣고 간다.

⑤ 화이트발사믹글레이즈, 소금으로 간을 맞추고 올리브오일로 마무리한다.

여름이니만큼 수프도 차가운 것이 입맛을 더 돋워주지 않을까 하는 생각에 만들어본 청포도 가스파초. 가스파초에는 주로 토마토를 많이 사용하는데 아마 청포도는 생소할 것이다. 이 수프는 스페인에서 많이 먹는데, 덥고 건조한 여름의 지중해 날씨를 반영한 듯한 수프임을 알 수 있다. 냉 수프 특성상 불에 익히는 과정이 없어서인지 굉장히 묽은 느낌의 수프가 만들어졌는데 청포도 맛 요거트를 먹는 듯한 기분도 들었다. 상큼한 청포도 맛 요구르트 맛에 구운 대파 향이 더해져 독특한 맛을 자아낸다. 호불호가 갈릴 것 같은 맛이지만 집에 청포도가 있다면 새로운 맛에 도전해 보길 바란다.

Morning Routine Challenge

20

무더운 더위를 날리는 나만의 여름 메뉴가 있나요?

몸도 마음도 건강한 아침 식사 루틴 만들기

굿모닝 레시피

초판 1쇄 인쇄 2022년 9월 20일
초판 1쇄 발행 2022년 9월 28일

지은이 최민경

펴낸이 이준경 펴낸곳 지콜론북
편집장 이찬희 책임편집 김아영
책임디자인 정미정 디자인 김정현 마케팅 이수련

출판 등록 2011년 1월 6일 제406-2011-000003호
주소 경기도 파주시 문발로 242 3층
전화 031-955-4955 팩스 031-955-4959
홈페이지 www.gcolon.co.kr 트위터 @g_colon
페이스북 /gcolonbook 인스타그램 @g_colonbook

ISBN 979-11-91059-32-8 13590
값 18,500원